Paul Yannick Windisch

Survival-Kit Biologie

1. Auflage

ELSEVIER
URBAN & FISCHER

URBAN & FISCHER München

Zuschriften an:
Elsevier GmbH, Urban & Fischer Verlag, Hackerbrücke 6, 80335 München
E-Mail medizinstudium@elsevier.com

Wichtiger Hinweis für den Benutzer
Die Erkenntnisse in der Medizin unterliegen laufendem Wandel durch Forschung und klinische Erfahrungen. Der Autor dieses Werkes hat große Sorgfalt darauf verwendet, dass die in diesem Werk gemachten therapeutischen Angaben (insbesondere hinsichtlich Indikation, Dosierung und unerwünschter Wirkungen) dem derzeitigen Wissensstand entsprechen. Das entbindet den Nutzer dieses Werkes aber nicht von der Verpflichtung, anhand weiterer schriftlicher Informationsquellen zu überprüfen, ob die dort gemachten Angaben von denen in diesem Werk abweichen und seine Verordnung in eigener Verantwortung zu treffen.
Für die Vollständigkeit und Auswahl der aufgeführten Medikamente übernimmt der Verlag keine Gewähr.
Geschützte Warennamen (Warenzeichen) werden in der Regel besonders kenntlich gemacht (®). Aus dem Fehlen eines solchen Hinweises kann jedoch nicht automatisch geschlossen werden, dass es sich um einen freien Warennamen handelt.

Bibliografische Information der Deutschen Nationalbibliothek
Die Deutsche Nationalbibliothek verzeichnet diese Publikation in der Deutschen Nationalbibliografie; detaillierte bibliografische Daten sind im Internet über http://www.d-nb.de/ abrufbar.

1. Auflage 2016

Der Urban & Fischer Verlag ist ein Imprint der Elsevier GmbH.

16 17 18 19 20 5 4 3 2 1

Um den Textfluss nicht zu stören, wurde bei Patienten und Berufsbezeichnungen die grammatikalisch maskuline Form gewählt. Selbstverständlich sind in diesen Fällen immer Frauen und Männer gemeint.

Planung: Benjamin Rempe, München
Redaktion: Dr. Wolfgang Zettlmeier, Barbing
Lektorat und Herstellung: Cornelia von Saint Paul, München
Satz: abavo GmbH, Buchloe/Deutschland; TnQ, Chennai/Indien
Druck und Bindung: Printer Trento, Trento/Italien
Umschlaggestaltung: SpieszDesign, Neu-Ulm

ISBN Print 978-3-437-41387-2
ISBN e-Book 978-3-437-17127-7

Aktuelle Informationen finden Sie im Internet unter **www.elsevier.de** und **www.elsevier.com**

Vorwort

Die Biologie zählt eigentlich nicht zu den klassischen Angstfächern im Medizinstudium – warum also ein Survival-Kit zu diesem Thema? Weil man sich mit soliden Kenntnissen in diesem Fach später viel Lernerei sparen kann!

Wenn man einmal den Aufbau und die Aufgaben einer Zelle verinnerlicht hat, fügt sich alles, was man in den folgenden Semestern (z. B. in der Biochemie oder Histologie) noch lernt, in ein Gerüst, das es einem ermöglicht, trotz Faktendschungel das „Große Ganze" im Blick zu behalten und den Stoff wirklich zu verstehen.

Aus diesem Grund wollen wir euch in diesem Buch gewohnt kleinschrittig und mit Blick auf das Wesentliche (und Prüfungsrelevante) all das beibringen, was man als Medizinstudent im Fach Biologie wissen muss. Ebenfalls wieder dabei sind die Kästen, in denen ihr sowohl Lerntipps, die euch das Leben erleichtern, als auch Tipps zur Klausurvorbereitung findet. Die „Für Ahnungslose"-Kästen sollen Fragen beantworten, die beim ahnungslosen Studenten in der Vorlesung durchaus aufkommen könnten, aber vom Dozenten zumeist nicht explizit thematisiert werden.

Egal ob zur Physikumsvorbereitung oder für die Klausur an der eigenen Uni – ich hoffe, dass euch dieses Buch weiterhilft und freue mich auf eure Erfahrungsberichte!

Mein Dank gilt erneut dem Bereich Medizinstudium des Elsevier Verlags, vor allem Frau von Saint Paul, Herrn Rempe und Frau Rindle und Herr Schlupeck, der als Gutachter wertvolle Anregungen lieferte. Herr Dr. Zettlmeier hat auch dieses Mal durch seine fachlichen Hinweise einen wichtigen Beitrag geleistet und dem Buch mehr als nur den letzten Schliff verpasst. Ebenfalls vielen Dank an meinen guten Freund Tobias Johannes Heckmann für seinen unermüdlichen Ansporn, ohne den die Fertigstellung des Manuskripts wohl etwas länger gedauert hätte.

Ich wünsche euch viel Erfolg in eurem Studium, besonders bei der Vorbereitung auf Klausuren und Physikum, und freue mich auf eure Rückmeldungen!

Heidelberg, Mai 2016
Paul Y. Windisch

Benutzerhinweise

LERNTIPP

Insider-Know-How von Studenten für Studenten: in den gelben Kästen findest Du Eselsbrücken, Merkhilfen, Tipps und Tricks. So bist Du in Prüfungen bestens gewappnet!

FÜR DIE KLAUSUR

In den blauen Kästen findest Du Hinweise, Tipps und Tricks wie das jeweilige Thema in den Klausuren abgefragt wird und beantwortet werden kann!

FÜR AHNUNGSLOSE

Die grünen Kästen markieren Übungsfragen samt Lösungsstrategien zum chemischen Grundwissen. Das absolute Minimum dessen, was Du wissen musst!

MERKE

Praktische Merksätze und Definitionen, die das Basiswissen in Kürze zusammenfassen und logische Zusammenhänge herstellen sind in rot hervorgehoben!

ACHTUNG!

Hinweise auf Fußangeln, Verwechslungsgefahren oder Besonderheiten in leuchtendem Orange.

Abbildungsverzeichnis

Der Verweis auf die jeweilige Abbildungsquelle befindet sich bei allen Abbildungen im Werk am Ende des Legendentextes in eckigen Klammern.

F362-002	Zhang, Y. et al.: Urine derived cells are a potential source for urological tissue reconstruction. The Journal of Urology. 2008; 180(5): pp. 2226–2233.
G157	Goering, R. et al.: Mims' Medical Microbiology, Elsevier/Mosby, 4th ed. 2008.
L106	Henriette Rintelen, Velbert.
L107	Michael Budowick, München.
L126	Dr. med. Katja Dalkowski, Erlangen.
L141	Stefan Elsberger, Planegg.
L190	Gerda Raichle, Ulm.
L231	Stefan Dangl, München.
L253	Dr. Wolfgang Zettlmeier, Barbing.
P118	Veronika Sonnleitner, München.

Zum Autor

Paul Yannick Windisch
Hilzweg 32
69121 Heidelberg

Paul Yannick Windisch studiert seit 2012 als Stipendiat Humanmedizin an der Ruprecht-Karls-Universität in Heidelberg. Er leitet Tutorien und Lerngruppen und kennt so nicht nur aus eigener Erfahrung die „Pain Points“ der Studenten aus erster Hand und weiß, wie man sie in den Griff bekommt!

Inhaltsverzeichnis

KAPITEL

1 Grundausstattung der Zelle

In den ersten Kapiteln dieses Buchs dreht sich alles um Zellen. Wir betrachten, wie Zellen aufgebaut sind, wie der „Alltag" einer Zelle aussieht und befassen uns dann genauer mit den besonderen Ereignissen im Leben von Zellen, nämlich Zellteilung und Zelltod.

Ihr habt mit Sicherheit bereits gehört, dass alle Lebewesen aus Zellen bestehen, und dass diese Zellen die **kleinsten Einheiten des Lebens** darstellen. Doch was bedeutet das? Dass Zellen Einheiten des Lebens sind, ist logisch, schließlich besitzen sie einen **Stoffwechsel** und können sich selbst vermehren **(reproduzieren),** d. h., sie sind definitiv lebendig. Zellen bestehen aus einem wässrigen Medium, dem **Zytoplasma,** in dem viele kleine Organellen mit bestimmten Funktionen schwimmen. Dabei können sich aber die Organellen, auch wenn sie durchaus bestimmte Stoffwechselschritte durchführen, nicht selbstständig vermehren bzw. außerhalb der Zelle existieren, wohingegen es durchaus Organismen gibt, die nur aus einer einzigen Zelle bestehen. Folglich sind die kleineren Bestandteile einer Zelle keine Lebewesen mehr, sodass die Zelle tatsächlich die kleinste Einheit des Lebens darstellt. Eine Sonderstellung nimmt dabei das **Mitochondrium** ein, auf das wir später noch zu sprechen kommen werden.

FÜR AHNUNGSLOSE

Was sind **Organellen?** Organellen sind für Zellen, was für den Menschen seine Organe sind – kleinere Bestandteile, die eine oder mehrere Funktionen erfüllen. Die Organellen werden noch in diesem Kapitel thematisiert, lediglich der **Zellkern (Nucleus)** wird wegen seiner besonderen Funktion erst im Anschluss besprochen.

Eine wichtige Unterscheidung von Organismen, die man – auch für Prüfungen – in jedem Fall kennen sollte, ist die in Prokaryonten und Eukaryonten:

Prokaryonten besitzen **keinen Zellkern** und sind im Allgemeinen simpler aufgebaut als die Zellen von Eukaryonten. Die Zellen von Prokaryonten bezeichnet man auch als Prozyten oder Prokaryozyten. Die wichtigsten Vertreter der Prokaryonten sind die **Bakterien,** die vorwiegend aus einer einzigen Zelle bestehen und uns ebenfalls später im Buch beschäftigen werden.

Eukaryonten besitzen einen **Zellkern.** Die Zellen von Eukaryonten bezeichnet man als Eukaryozyten oder Euzyten. Zu den Eukaryonten zählen unter anderem die mehrzelligen Organismen (wie **Tiere und Pflanzen)** sowie die **Pilze.**

LERNTIPP

Um sich unbekannte Begriffe herzuleiten, ist es hilfreich, sich ein paar Wortbestandteile einzuprägen, die einem immer wieder begegnen werden:

„Pro" bedeutet so viel wie „vor". Alles mit „kary" hat etwas mit dem Zellkern zu tun und „zyto" sagt uns, dass es um Zellen geht. „Prokaryozyten" sind folglich Zellen, die „vor einem Kern" sind, sprich keinen Kern besitzen. Prokaryonten sind passenderweise in der Evolution auch vor den Eukaryonten entstanden.

Alles, was ihr in den ersten Kapiteln über Zellen erfahrt, bezieht sich zunächst mal auf Eukaryonten. Die Besonderheiten der Prokaryonten werden wir anschließend herausarbeiten.

1.1 Die Zellmembran

Wir haben bereits gelernt, dass Zellen mit Zytoplasma gefüllt sind, in dem die Organellen schwimmen. Die Zelle wird dabei von einer Membran umgeben, die alles zusammenhält und die Zelle gegenüber ihrer Umgebung abgrenzt.

Auch innerhalb der Zelle spielen Membranen eine Rolle: Wenn z. B. für eine chemische Reaktion hohe Konzentrationen eines bestimmten Stoffs notwendig sind, ist ein abgegrenzter Raum innerhalb der Zelle notwendig, in dem dieser Stoff angereichert werden kann. Die Unterteilung der Zelle in eben diese Räume, die auch **Kompartimente** bzw. Organellen genannt werden, ist ebenfalls Aufgabe der Membranen. Da sowohl die äußere Zellmembran wie auch die inneren Membranen, die die Zelle weiter unterteilen, ähnlich aufgebaut sind und nach demselben Prinzip „funktionieren", spricht man auch von **biologischen Einheitsmembranen.**

ACHTUNG!

Die Zellen von Tieren besitzen Zellmembranen und **keine Zellwände!** Gerade in mündlichen Prüfungen sollte man aufpassen, dass man hier nicht durcheinander kommt. Zellwände gibt es bei Pflanzen und einigen Bakterienarten.

Dabei unterscheiden sie sich in ihrem Aufbau deutlich von Zellmembranen. Sie werden oft als wesentlich starrer beschrieben. Diese Eigenschaft ist allerdings nicht nur auf die Struktur der Zellwand, sondern auch auf den hydrostatischen Druck im Inneren der Zelle zurückzuführen.

1.1.1 Aufbau der Zellmembran

Die wichtigsten Grundbausteine von Zellmembranen stellen **Phospholipide** dar. Ein Phospholipid zählt, wie die Triglyceride (also die Stoffe, die man im Alltag als „Fette" bezeichnet) auch zu den Lipiden. Ein wesentlicher Unterschied zu den Triglyceriden besteht darin, dass Triglyceride völlig unpolar bzw. lipophil sind.

FÜR AHNUNGSLOSE

Wie war das noch gleich mit unpolar, lipophil, hydrophob etc.? **Gleiches löst sich in Gleichem!** Wenn ein Stoff geladen bzw. polar ist, löst er sich gerne in anderen polaren Lösungsmitteln wie z. B. Wasser. Man bezeichnet ihn folglich als **hydrophil.** Da er sich nicht in unpolaren Lösungsmitteln (wie etwa Fetten) lösen will, kann man den Stoff auch als **lipophob** bezeichnen. Wenn ihr die Begriffe gerne mal durcheinanderbringt, denkt an die **Phobie** als Angst bzw. Abneigung.

Phospholipide besitzen zwar auch zwei unpolare Kohlenwasserstoffketten (nicht drei wie die Triglyceride), tragen aber zudem eine Phosphatgruppe. Diese Phosphatgruppe kann selbst noch weitere Bindungen ausbilden (➤ Abb. 1.1). Wichtig ist aber vor allem, dass die Phosphatgruppe geladen ist. Folglich besitzt ein Phospholipid sowohl einen hydrophoben, d. h. lipophilen, unpolaren Teil (die Kohlenwasserstoffketten) aber auch einen hydrophilen, d. h. lipophoben, polaren Teil (die Kopfgruppe mit Phosphat). Moleküle, die sowohl polare als auch unpolare Bereiche enthalten, bezeichnet man als **amphiphil** bzw. **amphipathisch** – zwei Begriffe, die ihr im Hinblick auf Klausuren definitiv kennen solltet.

Wie ordnen sich nun die Phospholipide an, wenn sie eine Zellmembran bilden? Dazu muss man sich zu allererst klarmachen, dass der wichtigste Bestandteil des Zytoplasmas **Wasser** ist. Wir wissen, dass die Phospholipide eine hydrophile Domäne (die polare Kopfgruppe mit dem Phosphatrest) besitzen. Diese wird sich entsprechend dem Wasser zuwenden und

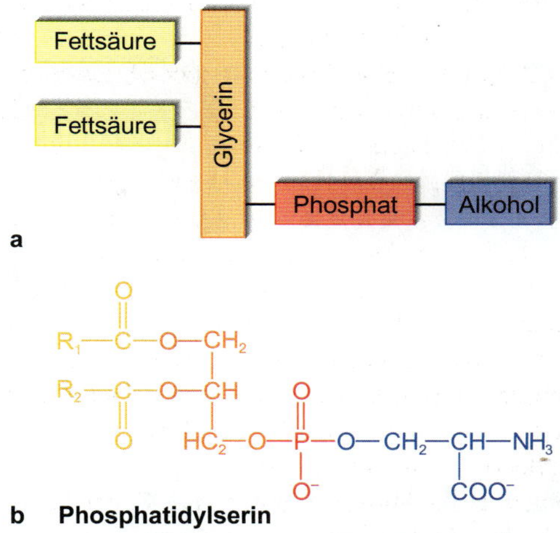

Abb. 1.1 Phospholipid:
a) Schema
b) Beispiel Phosphatidylserin [L253]

mit ihm gegebenenfalls sogar Wasserstoffbrückenbindungen ausbilden. Die hydrophoben Domänen stehen allerdings vor einem Problem: Da sie quasi komplett von Wasser umgeben sind, haben sie keine Möglichkeit, den Kontakt zum Wasser zu vermeiden … es sei denn, sie lagern sich zusammen. Wenn sich zwei Phospholipide so anordnen, dass ihre hydrophoben Schwänze zueinander ausgerichtet sind, reduziert sich die Kontaktfläche der hydrophoben Domänen zum Wasser schon mal ein wenig. Wenn nun auch noch benachbarte Phospholipide mitmachen, verringert sich die Kontaktfläche weiter.

FÜR AHNUNGSLOSE

Natürlich liegt dieser Anordnung keine bewusste Entscheidung der Phospholipidmoleküle zu Grunde. Die intermolekulare Kraft, die für die Zusammenlagerung der Moleküle verantwortlich ist, nennt man **hydrophobe Wechselwirkung.** Sie sorgt auch dafür, dass ein Tropfen Öl in einer Schale mit Wasser bestehen bleibt, ohne sich mit dem Wasser zu mischen.

Auf diese Weise entsteht eine **Doppelschicht (Bilayer)** – das Grundgerüst der biologischen Einheitsmembranen (➤ Abb. 1.2).

1

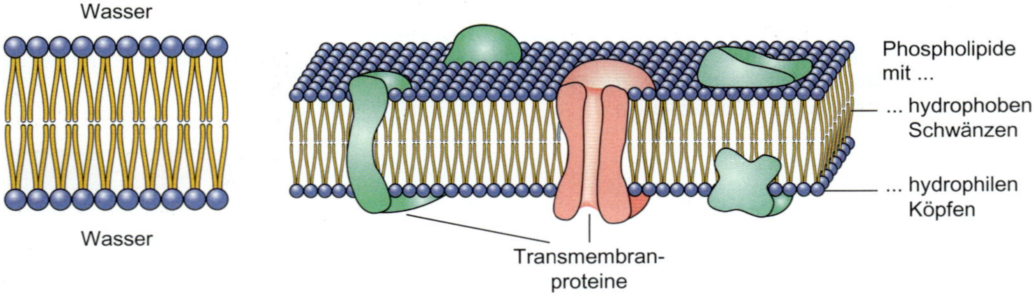

Abb. 1.2 Phospholipiddoppelschicht ohne und mit Membranproteinen [L253]

FÜR DIE KLAUSUR

Falls das Chemiepraktikum schon etwas länger zurückliegt: Die hydrophoben Anziehungskräfte sind weitaus schwächer als kovalente Bindungen. Die Phospholipide halten zwar zusammen, können aber aneinander vorbeigleiten. Man spricht in diesem Zusammenhang von **lateraler Diffusion.**

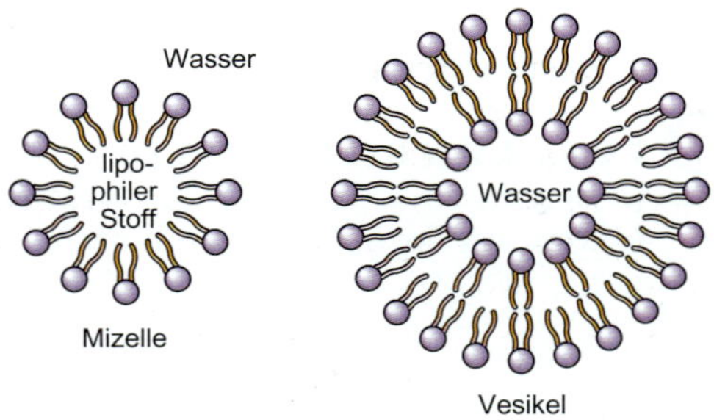

Abb. 1.3 Mizelle und Vesikel [L253]

1.2 Exkurs: Mizellen und Vesikel

Die simpelste Anordnung, die Phospholipide einnehmen können, um ihre Kontaktfläche zur wässrigen Umgebung zu reduzieren, ist die der **Mizelle.** Dabei bilden sie eine Kugel, wobei die hydrophoben Schwänze im Kern der Kugel einen **hydrophoben Raum** schaffen (➤ Abb. 1.3). Befinden sich in diesem Raum lipophile Substanzen, können diese in Wasser gelöst werden, obwohl das sonst aufgrund ihrer Eigenschaften nicht möglich wäre.

Im Unterschied zur Zellmembran liegen in Mizellen immer nur **einfache Phospholipidschichten** vor.

LERNTIPP

Mizellen = **M**onolayer!

Auch die Phospholipiddoppelschicht ist in der Lage, eine kugelförmige (sphärische) Anordnung anzunehmen. Dabei entsteht allerdings im Kern kein lipophiler, sondern ein **hydrophiler Raum.** In diesem Fall spricht man von einem **Liposom.** Häufig wird auch der Begriff Vesikel (Bläschen) verwendet (➤ Abb. 1.3). Liposomen werden z. B. als Hülle für bestimmte Arzneistoffe eingesetzt, die auf diese Weise vor frühzeitiger Metabolisierung geschützt werden.

1.2.1 Fluidität

Zurück zu den Phospholipiddoppelschichten, die unsere Zellmembranen bilden:

Wir haben gelernt, dass aufgrund der vergleichsweise schwachen Anziehungskräfte zwischen den einzelnen Phospholipiden laterale Diffusion möglich ist. Das Ausmaß der lateralen Diffusion ist dabei von einigen Faktoren abhängig, von denen ihr mal gehört haben solltet:

- Steigt die **Umgebungstemperatur,** schwingen die Teilchen stärker und gleiten vermehrt aneinander vorbei.

Die Fettsäuren, die den unpolaren Teil der Phospholipide bilden, beeinflussen die Viskosität der Membran stark. Ihr erinnert euch vielleicht noch daran, dass die **Van-der-Waals-Kräfte** zwischen großen

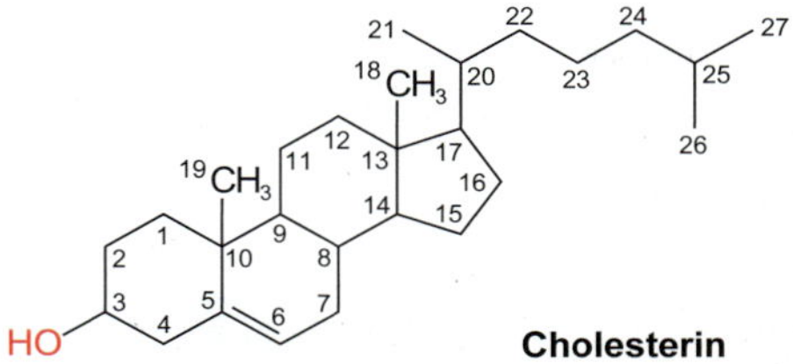

Abb. 1.4 Cholesterin [L253]

Molekülen stärker sind. Entsprechend sind Zellmembranen, in denen viele **langkettige Fettsäuren** vorkommen, viskoser (also von geringerer Fluidität) als andere.

Bei Fettsäuren mit Doppelbindungen, also **ungesättigten Fettsäuren,** spielt die Konfiguration der Doppelbindung eine wichtige Rolle. In der Natur vorkommende Fettsäuren sind normalerweise ***cis-* bzw. *Z*-konfiguriert.** Diese Konfiguration sorgt für einen „Knick" in der Struktur der Fettsäure (wenn ihr Probleme habt euch das vorzustellen, solltet ihr mal im Internet nach der Strukturformel einer ungesättigten Fettsäure, wie etwa der „Ölsäure", suchen). Ihr könnt euch sicher vorstellen, dass Phospholipide mit so sperrigen Fettsäuren nicht ganz so dicht aneinander gepackt werden können. Entsprechend bilden sich zwischen ungesättigten Fettsäuren weniger Van-der-Waals-Brücken aus, was zu einer hohen Fluidität führt.

Die Rolle des **Cholesterins** (➤ Abb. 1.4) bei der Membranfluidität kann etwas verwirrend sein: Einerseits ist es ein essenzieller Bestandteil von sogenannten **„Lipid-Rafts"** (Lipidflöße), also von Bereichen, die, verglichen mit dem Rest der Zellmembran, eher dicht gepackt sind, und kann bei hohen Temperaturen den Schmelzpunkt der Membran erhöhen. Andererseits ist es bei kalten Temperaturen in der Lage den Schmelzpunkt der Membran zu verringern. Merkt euch am besten, dass Cholesterin als **Fluiditätsregulator** bestrebt ist, die Fluidität der Zellmembran zu gewährleisten … sprich, sie geschmeidig zu halten.

LERNTIPP

Welche Konfiguration haben die natürlich vorkommenden Fettsäuren? **C**is macht den **C**nick!

1.2.2 Membranproteine und mehr

Aus dem, was wir bisher zu Zellmembranen gelernt haben, ergibt sich ein Problem: Die Zellmembran besteht aus Phospholipiden, wobei sich die hydrophoben Schwänze zusammenlagern. Da sich aber hydrophile Stoffe nur in anderen hydrophilen Stoffen lösen, würde die Zellmembran für sämtliche hydrophilen Moleküle (also auch Wasser) eine unüberwindbare Barriere darstellen, was im Hinblick auf den Stoffwechsel unserer Zelle ziemlich unpraktisch wäre.

Abhilfe schaffen Proteine, die z. B. **Tunnel** bilden und so hydrophilen Stoffen helfen, die Membran zu passieren. Solche Proteine erstrecken sich von der einen Seite der Membran auf die andere, weshalb man sie als **integrale Membranproteine** oder **Transmembranproteine** bezeichnet. Ein Beispiel für Transmembranproteine sind die **Aquaporine,** durch die Wassermoleküle die Zellmembran überwinden können.

Membranproteine können aber auch andere Funktionen wahrnehmen. Manche membranständigen Enzyme sind an Stoffwechselschritten beteiligt, andere Proteine dienen als Verankerung für Elemente des Zytoskeletts. Solche Proteine durchdringen oftmals nicht die gesamte Membran, sondern sitzen nur an einer Seite. Man bezeichnet sie entsprechend als **periphere Membranproteine** (➤ Abb. 1.5).

Übrigens: Das Modell einer Zellmembran, die aus vergleichsweise ortsständigen Proteinen und verschieblichen Phospholipiden besteht, wird als **Fluid-Mosaik-Modell** bezeichnet (➤ Abb. 1.6).

FÜR DIE KLAUSUR

Wie kann ein Protein, das in erster Linie hydrophile Eigenschaften hat, im hydrophoben Bereich der Plasmamembran verankert werden? Ganz einfach, man verknüpft das Protein mit einem hydrophoben Anker. Dies kann z. B. ein **Fettsäure-** oder ein **Isopren-Rest** sein. Alternativ gibt es auch **Glykosyl-phosphatidylinositol-(GPI)Anker.** Diese Namen solltet ihr im Hinblick aufs Physikum kennen.

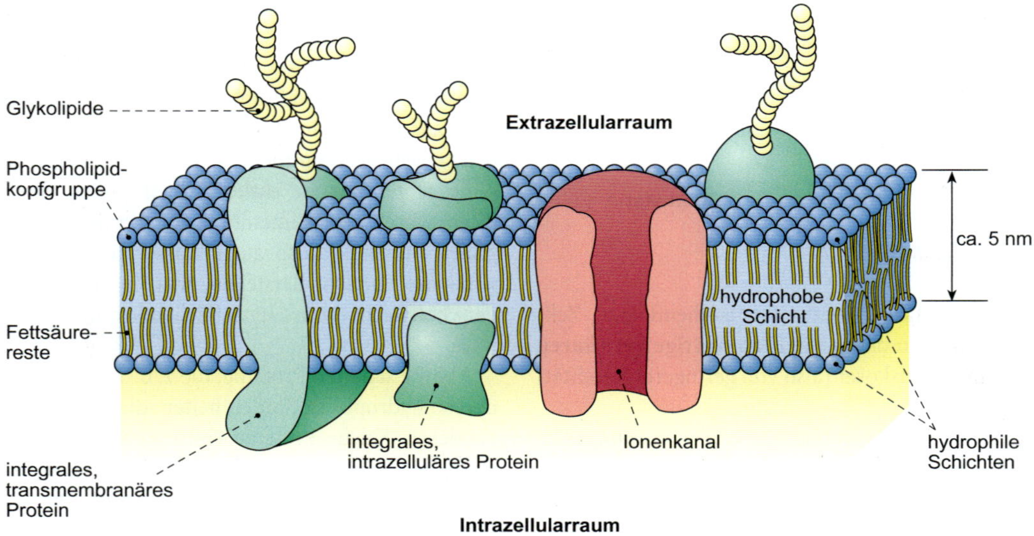

Abb. 1.5 Zellmembran mit Membranproteinen und Glykokalix [L106]

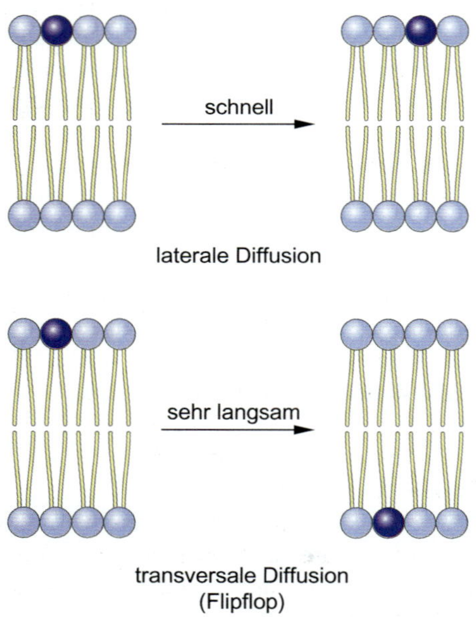

Abb. 1.6 Bewegung von Lipiden in Membranen [L253]

Einige Membranproteine und Lipide tragen Zuckerreste. Sie werden entsprechend **Glykoproteine** bzw. **Glykolipide** genannt. Diese Zucker sind sozusagen die Visitenkarte der Zelle. Auf diese Weise gibt sie sich anderen Zellen zu erkennen, wie etwa denen des Immunsystems. Mit dieser Information solltet ihr euch auch merken können, dass die Zucker immer im äußeren Blatt der Zellmembran verankert sind. Schließlich wäre es sinnlos, wenn sich die Zelle „nach innen" zu erkennen gäbe.

Die Gesamtheit aller Zuckerreste auf der extrazellulären Seite der Zellmembran nennt man **Glykokalix** (➤ Abb. 1.5).

FÜR AHNUNGSLOSE

Wir wissen, dass Phospholipide innerhalb der Membran lateral diffundieren können. Kann ein Phospholipid aber auch von einer Seite der Membran auf die andere wechseln? Ja, und es passiert auch – allerdings sehr selten. Denn nur so ist es möglich, dass die Membran asymmetrisch organisiert ist, also dass einige Phospholipidsorten auf der intrazellulären Seite der Membran öfter vorkommen als auf der extrazellulären und umgekehrt. Man bezeichnet diesen Seitenwechsel als **Flipflop.** Die Zelle hat die Möglichkeit, selbst einen Flipflop zu erleichtern (ihn also zu katalysieren). Das dafür zuständige Enzym heißt passenderweise **Flippase.**

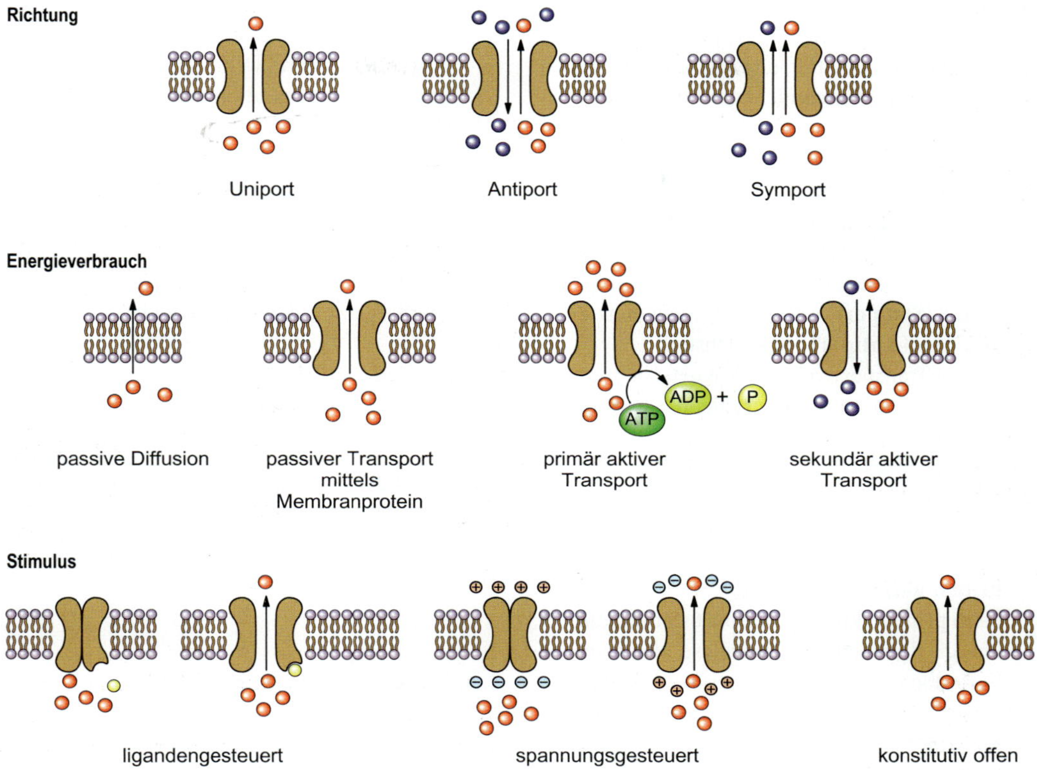

Abb. 1.7 Einteilung der Transportvorgänge und Membranproteine nach verschiedenen Kriterien [L253]

1.3 Exkurs: Transportmechanismen

Wir wollen uns nun genauer ansehen, wie bestimmte Stoffe die Zellmembran passieren können (➤ Abb. 1.7). Dafür müssen wir hydrophile und hydrophobe Stoffe getrennt betrachten. Wie wir wissen, können hydrophobe Stoffe die Zellmembran vergleichsweise problemlos durchdringen. Die Triebkraft dieser Bewegung ist der **Konzentrationsgradient.** Hydrophobe Stoffe wandern also von der Seite der Membran, auf der der Stoff in hoher Konzentration vorliegt, zum Ort der niedrigeren Konzentration. Da dieser Prozess keine Energie verbraucht, spricht man auch von **passivem Transport.**

MERKE

Hydrophobe Stoffe diffundieren entlang des Konzentrationsgradienten durch Membranen.

Hydrophile Stoffe benötigen Proteine, um die Membran zu überwinden. Hierfür kommt sowohl passiver als auch aktiver Transport infrage:

- **Passiver Transport:**
  Eine Möglichkeit für passiven Transport stellen die Kanalproteine dar. Diese könnt ihr euch als Tunnel vorstellen, durch die die zu transportierenden Stoffe entlang des Konzentrationsgradienten strömen. Einige dieser Kanäle sind dauerhaft offen, andere öffnen sich erst, wenn ein Signalmolekül (Ligand) an sie bindet. Man bezeichnet sie deswegen als **ligandengesteuerte Kanäle.** Auch ein elektrischer Impuls kann das Öffnen oder Schließen eines Kanals bewirken. Diese Kanäle bezeichnet man als **spannungsge-**

steuert. Eine andere Möglichkeit des passiven Transports sind **Carrier.** Diese besitzen eine Bindungsstelle für den Stoff, den sie transportieren, sind also den Enzymen nicht ganz unähnlich. Bindet nun ein Stoff an den Carrier, ändert dieser seine Konformation und der Stoff wird auf die andere Seite der Membran befördert. Manche Carrier können immer nur ein Molekül transportieren **(Uniport).** Andere sind dagegen in der Lage, mehrere Moleküle zeitgleich in die gleiche Richtung **(Symport)** oder in entgegengesetzte Richtungen **(Antiport)** zu schleusen.
Alle diese Transportvorgänge können aber nur entlang des Konzentrationsgradienten stattfinden.

- **Aktiver Transport:**
  Die einzige Möglichkeit, Stoffe entgegen ihres Konzentrationsgradienten zu transportieren, besteht darin, Energie aufzuwenden.
  Man unterscheidet dabei:
  - **Primär aktiver Transport:**
    Beim primär aktiven Transport stammt die Energie direkt aus der Hydrolyse, also dem Verbrauch von **ATP,** der Energiewährung der Zelle. Ein wichtiges Beispiel ist die **Natrium-Kalium-ATPase,** die ATP verwendet, um drei Natriumionen aus der Zelle und zwei Kaliumionen in die Zelle zu befördern.
  - **Sekundär aktiver Transport:**
    Der sekundär aktive Transport nutzt einen bestehenden Konzentrationsgradienten, um einen Stoff zu transportieren. Dabei wird z. B. beim **Natrium-Glucose-Symport** die Energie genutzt, die frei wird, wenn Natrium-Ionen entlang ihres Konzentrationsgefälles aus dem Darmlumen in die Zellen diffundieren, um Glucose in die gleiche Richtung zu transportieren.
  - **Tertiär aktiver Transport:**
    Beim tertiär aktiven Transport wird der Konzentrationsgradient genutzt, den ein sekundär aktiver Transporter aufgebaut hat. Das ist aber eher Gegenstand der Physiologie.

LERNTIPP

Die wichtigsten Fakten zur Natrium-Kalium-ATPase sind essenziell, um die Zellphysiologie zu verstehen. Merkt euch an dieser Stelle auf jeden Fall, dass **zwei Natrium-Ionen aus der Zelle hinaus und drei Kalium-Ionen hinein** befördert werden. Die Natrium-Kalium-ATPase ist gewissermaßen der Türsteher der Zelle. Zu **N**atrium sagt sie „**N**ein" zu **K**alium sagt sie „**K**omm rein".

1.3.1 Exo- und Endozytose

Einige Stoffe können aufgrund ihrer Größe die Zellmembran nicht mithilfe eines Transporters bzw. Carriers, geschweige denn durch Diffusion überwinden. Um diese Stoffe trotzdem aus dem Zytoplasma auszuschleusen, gibt es die Möglichkeit der **Exozytose** (> Abb. 1.8). Sie wird auch relevant, wenn große

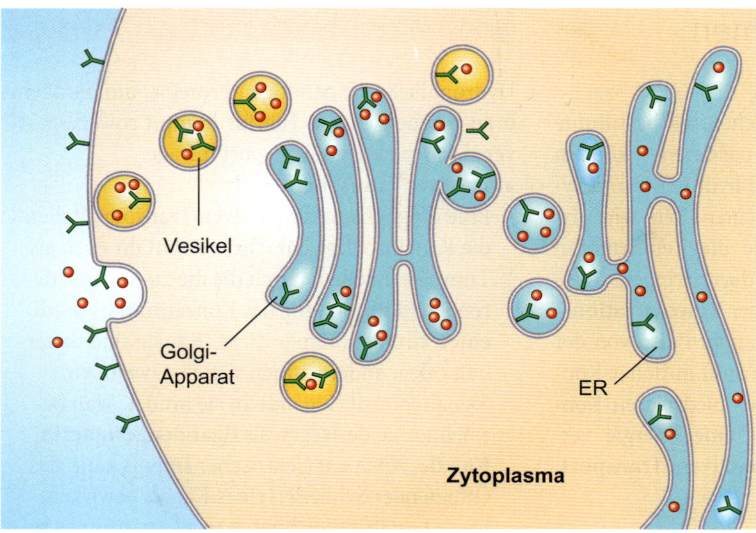

Abb. 1.8 Exozytose [L253]

Mengen eines Moleküls (wie etwa eines **Neurotransmitters)** auf einmal freigesetzt werden sollen.

Man unterscheidet **konstitutive** von **regulierter Exozytose:**

- Konstitutive Exozytose findet in den Zellen permanent statt und benötigt **keinen Stimulus.** Zellen nutzen sie, um ständig neue Membranproteine oder Moleküle für die extrazelluläre Matrix an ihren Zielort zu bringen.
- Regulierte Exozytose findet nur als **Reaktion auf einen Stimulus,** wie z. B. einen Anstieg der **Ca^{2+}-Konzentration** im Zytoplasma, statt. Sie ist vor allem für die Freisetzung von Neurotransmittern wichtig. Schließlich werden diese vor allem dann freigesetzt, wenn es eine Information gibt, die übermittelt werden soll.

Damit Moleküle via Exozytose abgegeben werden können, müssen sie zunächst einmal in **Vesikeln** verpackt sein. Dies geschieht in der Zelle vor allem im **Golgi-Apparat,** den ihr noch kennenlernen werdet. Gelangen die Vesikel nun in die Nähe der Membran, kann es zur Fusion von Vesikel und Membran kommen, sodass die Proteine im Inneren der Vesikel in den Extrazellularraum freigesetzt werden. Außerdem wächst die Membran aufgrund der hinzukommenden Phospholipide des Vesikels an.

Die Vorgänge, die an der Membran vor der eigentlichen Exozytose stattfinden, werden **Tethering, Docking** und **Priming** genannt. Im Hinblick auf anstehende Prüfungen solltet ihr in Bezug auf Exozytose aber vor allem den **SNARE-Komplex** kennen. Die SNARE-Proteine finden sich sowohl auf den Vesikeln **(v-SNARE)** als auch auf der Membran, mit der das Vesikel fusionieren soll **(t-SNARE)**. Es gibt sogar ein SNARE-Protein, das die Calcium-Ionen-Konzentration messen kann und auf diesen Stimulus hin die Verschmelzung der Membranen ermöglicht **(Synaptotagmin)**. Die Proteine des SNARE-Komplexes stellen zudem Angriffspunkte für einige Toxine dar (➤ Kap. 5.1.6).

LERNTIPP

v-SNARE = **V**esicles
t-SNARE = **T**arget (Ziel)

FÜR AHNUNGSLOSE

Wofür steht **SNARE?** Ganz klar: **s**oluble *N*-ethylmaleimide-sensitive-factor **a**ttachment **re**ceptor

Bei der **Endozytose** (➤ Abb. 1.9), also der Aufnahme von Molekülen, die die Membran nicht einfach so überwinden können, ist die Sache etwas komplizierter. Die Frage welche Einteilung der verschiedenen Mechanismen am sinnvollsten ist, wird nach wie vor diskutiert. Wenn ihr die folgenden vier Begriffe mit Wissen füllen könnt, seid ihr aber mit Sicherheit gut aufgestellt:

- **Clathrin-vermittelte Endozytose** wird auch als **Rezeptor-vermittelte Endozytose** bezeichnet. Dabei bindet der aufzunehmende Stoff an einen

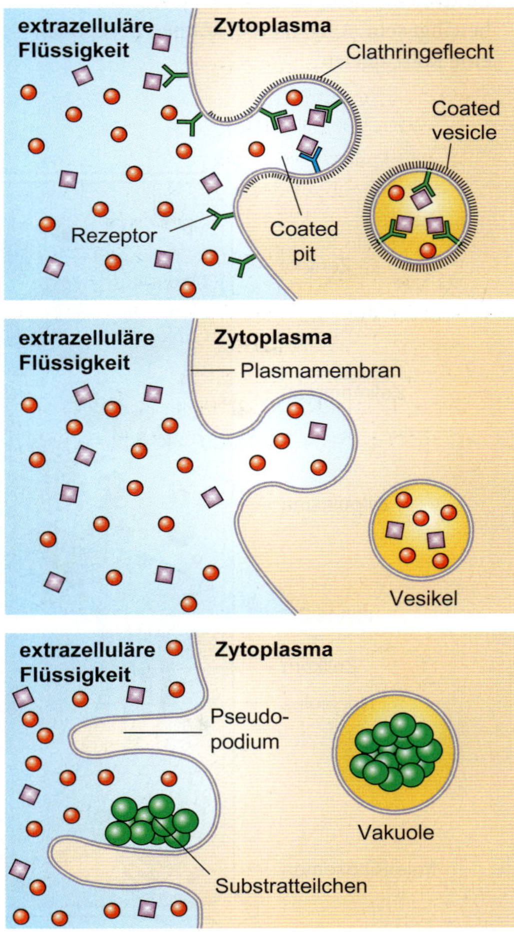

Abb. 1.9 Clathrin-vermittelte Endozytose, Pinozytose und Phagozytose [L253]

1

Rezeptor, woraufhin sich der gesamte Membranabschnitt (inkl. Rezeptor und Ligand) in die Zelle hinein abschnürt. An diesem Prozess ist ein Protein namens **Clathrin** beteiligt, das eine dreibeinige Konformation **(Triskelion)** besitzt. Es ist an der Krümmung der Membran zum Vesikel beteiligt, benötigt dafür aber die Unterstützung weiterer Enzyme und Faktoren. Ist das Vesikel gebildet, dissoziieren die Clathrin-Proteine ab, das Vesikel kann weiter verarbeitet werden und z. B. mit anderen Vesikeln fusionieren.

- **Caveolae** sind kleine Grübchen in der Membran (engl. cave = Höhle), die einen **hohen Cholesterinanteil** (lipid-rafts) aufweisen. Sie sollen sowohl an verschiedenen Formen der **Signaltransduktion** als auch an der Endozytose von Stoffen beteiligt sein. Auch hierbei können Rezeptoren eine Rolle spielen.
- **Pinozytose** ist das Mittel der Wahl, wenn die Zelle **unspezifisch Flüssigkeiten und gelöste Stoffe** aus der Umgebung aufnehmen will. Auch hier stülpt sich die Zellmembran ein und schnürt sich nach innen ab – wobei jedoch kein Rezeptor benötigt wird.
- **Phagozytose** ist vor allem durch die Größe der aufzunehmenden Partikel charakterisiert. Es können nämlich nicht nur kleine oder gelöste Stoffe, sondern ganze **Mikroorganismen oder apoptotische Zellen** phagozytiert werden. Auch hierbei schnüren sich (große) Abschnitte der Membran ins Innere der Zelle ab.

FÜR AHNUNGSLOSE

Was ist ein Ligand? Ein Ligand ist ein Stoff, der an ein Protein (in unserem Fall den Rezeptor) **spezifisch** bindet. Ein Stoff, der an jedes Protein bindet, wäre unspezifisch und damit kein Ligand im eigentlichen Sinn.

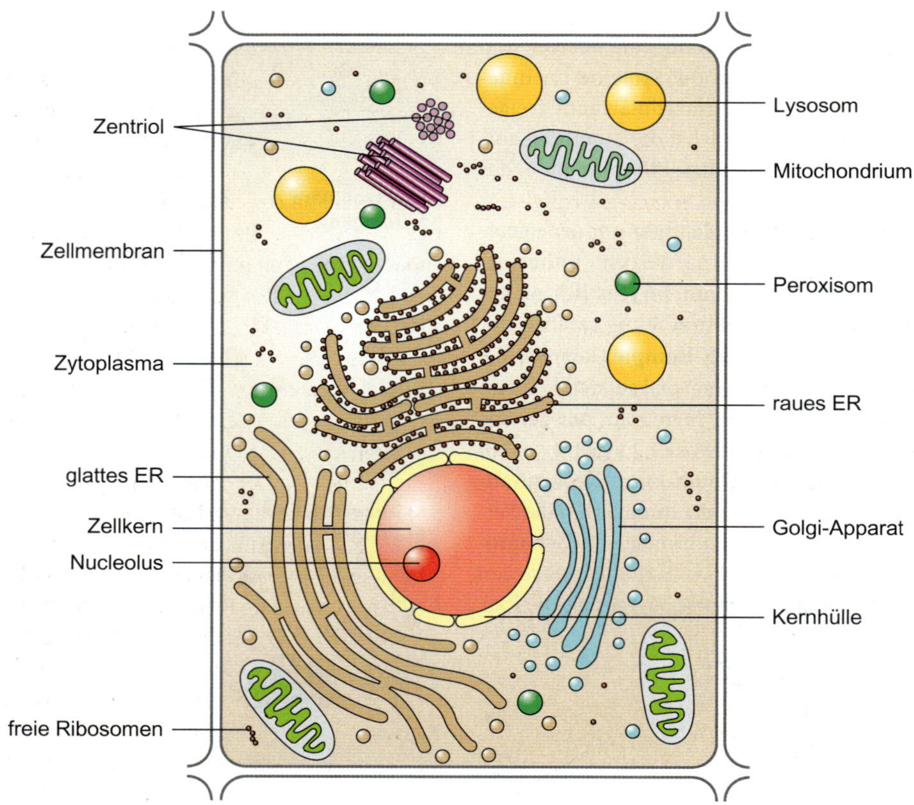

Abb. 1.10 Die Eukaryontenzelle [L253]

Da die Zellmembran bei der Aufnahme von Molekülen schrumpft und bei der Abgabe wächst, sollten sich beide Prozesse idealerweise im Gleichgewicht befinden, damit die Zelle ihre Größe konstant hält.

Wird ein Stoff an einer Seite der Zelle endozytiert, durchs Zytoplasma transportiert und dann auf der anderen Seite wieder exozytiert, spricht man von **Transzytose.**

1.4 Zellorganellen

Um zu verstehen, was eine Zelle den ganzen Tag macht, lohnt es sich, einen genaueren Blick auf ihre Bestandteile zu werfen (➤ Abb. 1.10). Ein äußerst wichtiger Bestandteil, der Zellkern (Nucleus), begegnet uns allerdings erst im nächsten Kapitel. Die Zellmembran haben wir bereits betrachtet, nun soll es zunächst um das Medium gehen, in dem alle anderen Organellen schwimmen:

1.4.1 Zytoplasma

Dass es sich beim Zytoplasma um eine **wässrige Lösung** handelt, die die Organellen umgibt, haben wir bereits gelernt.

Das Zytoplasma ist aber nicht nur Füllmaterial, sondern bietet Raum für eine Vielzahl **chemischer Reaktionen** von der Synthese einiger Aminosäuren über Gluconeogenese bis hin zur Glykolyse. Aber auch als **Speicherort** ist das Zytoplasma von Bedeutung. Ihr solltet euch auf jeden Fall merken, dass hier überschüssige Glucose als **Glykogen** gelagert wird.

FÜR DIE KLAUSUR

Glykogen wird in Form von kleinen Körnchen im Zytoplasma gelagert. Diese Körnchen stellen sich auf elektronenmikroskopischen Bildern von Zellen als kleine, **schwarze (elektronendichte) Granula** dar. Wenn ihr wisst, wie Glykogengranula aussehen, habt ihr schon mal etwas, worüber ihr bei den meisten EM-Bildern reden könnt, um z. B. im mündlichen Physikum keine peinliche Stille aufkommen zu lassen.

Übrigens: Ebenfalls im Zytoplasma finden sich Enzyme, die zur Gruppe der Cysteinproteasen gehören und Proteine hinter der Aminosäure Aspartat schneiden. Man nennt sie **Caspasen** (**C**ysteinyl-**As**partate **S**pecific **Prot**e**ase**).

Caspasen sind essenziell für den programmierten Zelltod **(Apoptose)**. Als Proteasen beginnen sie einerseits damit, Proteine zu spalten, andererseits aktivieren sie auch weitere Enzyme, die für den Abbau der DNA verantwortlich sind **(DNAsen).**

FÜR AHNUNGSLOSE

Ihr habt wahrscheinlich in der Biochemie bereits von Cystein- oder Serinproteasen gehört. Namensgebend für diese Enzyme ist nicht die Aminosäure, an der diese Enzyme ein Protein spalten, sondern die **Aminosäure im aktiven Zentrum des Enzyms.**

1.4.2 Mitochondrien

Sicher habt ihr bereits von den **„Kraftwerken der Zelle“** gehört, in denen ein Großteil des **ATPs,** das die Zelle für ihren Alltag benötigt, hergestellt wird. Da Energie in Form von ATP für Zellen ziemlich wichtig ist, kann man sich denken, dass Mitochondrien in fast allen eukaryontischen Zellen vorkommen. In fast allen? Erythrozyten besitzen keine Mitochondrien. Warum nicht? Erythrozyten sind voll und ganz auf Sauerstofftransport spezialisiert. Da sie sonst keine wesentlichen Funktionen ausüben, wurde alles, was diesem Zweck nicht dienlich ist, wegrationalisiert. Entsprechend fehlen nicht nur Mitochondrien, sondern auch Kern oder Ribosomen. Böse Zungen unterstellen dem Erythrozyten sogar, er sei keine Zelle, sondern nur ein hämoglobingefüllter Sack.

Merkt euch in jedem Fall, dass viele Mitochondrien darauf hindeuten, dass die Zelle, die ihr gerade mikroskopiert, einen hohen Bedarf an ATP hat. Ein klassisches Beispiel wären natürlich die Muskelzellen.

Wie ist ein Mitochondrium aufgebaut? Ganz grob besitzen Mitochondrien eine Doppelmembran, die einen Raum umschließt, den man **Matrix** nennt. Zwischen innerer und äußerer Membran findet sich der **Intermembranraum** und die innere Membran ist stark gefaltet (➤ Abb. 1.11). Anhand dieser Auf-

1

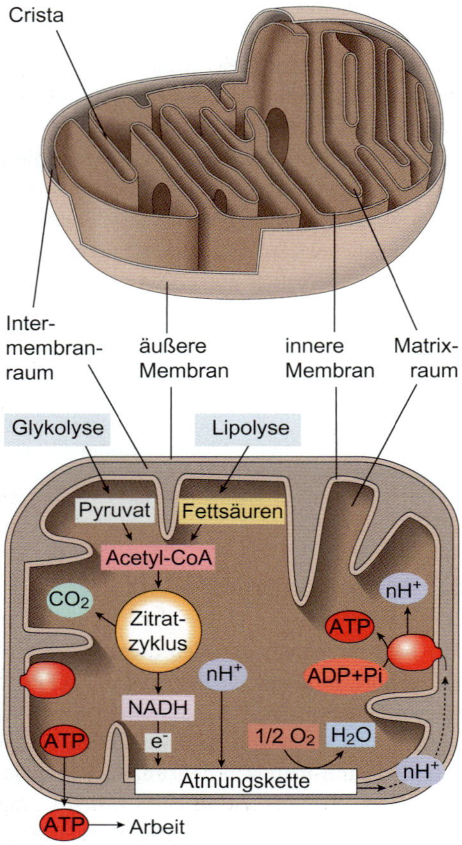

Abb. 1.11 Struktur des Mitochondriums (und einige Stoffwechselprozesse, die aber vor allem in der Biochemie wichtig sind) [L190]

faltung unterscheidet man zwei bzw. drei Typen von Mitochondrien:

- Mitochondrien vom **Cristae-Typ:** Dieser Typ findet sich bei den meisten Mitochondrien in stoffwechselaktiven Geweben. Die innere Membran weist hier flächige, blattförmige Einstülpungen auf.
- Mitochondrien von **Tubulus-Typ:** Diese Mitochondrien finden sich vor allem in Zellen, die **Steroidhormone** synthetisieren. Die innere Membran bildet hier röhrenartige Strukturen aus.
- Mitochondrien vom **Sacculus-Typ:** Diese Mitochondrien finden sich ausschließlich in der Zona glomerulosa der Nebennierenrinde. Oftmals wird der Sacculus-Typ bei der Besprechung der Mitochondrien auch gar nicht erwähnt.

LERNTIPP

Denkt an die drei **T**s:

Tubuls-**T**yp für **T**esto!

Mitochondrien von Tubulus-Typ finden sich in Steroidhormon produzierenden Zellen.

Eventuell wundert ihr euch, warum das Mitochondrium über eine Doppelmembran verfügt. Die mögliche Antwort liefert die **Endosymbiontentheorie:**

Die Endosymbiontentheorie besagt, dass Mitochondrien mal **eigenständige Prokaryonten** waren. Der eigenständige Prokaryont wurde aber von einem anderen Prokaryonten durch Phagozytose aufgenommen. Es entstand eine innere Symbiose (daher Endosymbiontentheorie), von der beide Zellen profitierten. Die innere der beiden Membranen stammt dabei vom phagozytierten Prokaryonten, die andere wurde ihm von der Wirtszelle bei der Phagozytose „verpasst". Man könnte sich nun fragen:

Unterscheiden sich innere und äußere Membran in ihrer Zusammensetzung?

Ja, und diese Unterscheidung ist sogar hochgradig physikumsrelevant! Die innere Membran enthält **Cardiolipin,** das sonst in den Zellen unseres Körpers nicht vorkommt. Dafür fehlt ihr das Cholesterin, das sich wiederum in allen anderen Membranen findet. Der unterschiedliche Aufbau erklärt auch, warum es für viele Stoffe nicht ganz einfach ist, die innere Membran zu passieren. Hierfür sind oft spezielle Shuttles und Transporter notwendig, wohingegen die äußere Membran dank eingebauter Porine vergleichsweise leicht passiert werden kann.

FÜR AHNUNGSLOSE

Kommt der Name Cardiolipin von „Herz"? Ja, aber bitte nicht falsch verstehen! Cardiolipin heißt so, weil es zuerst aus dem Herz isoliert wurde. Das bedeutet aber nicht, dass es nur im Herz vorkommt. Vielmehr findet es sich, wie bereits gesagt, in der inneren Mitochondrienmembran. Und da in unserem Körper alle Zellen außer den Erythrozyten über Mitochondrien verfügen, ist Cardiolipin folglich sehr weitverbreitet!

- Was ist mit der DNA der phagozytierten Bakterie passiert? Die gibt es immer noch! Mitochondrien verfügen über eine **eigene DNA,** die wir im nächsten Kapitel genauer beleuchten werden.

- Werden die Mitochondrien, wie andere Organellen auch, vor der Zellteilung (Mitose) vermehrt? Die Mitochondrien können sich unabhängig vom Zellzyklus (azyklisch) vermehren.
- Gibt es noch andere Hinweise, dass Mitochondrien mal Prokaryonten waren? Mitochondrien besitzen, wie auch die Zelle, in der sie vorkommen, Ribosomen. Während unsere eukaryontische Zelle in ihrem Zytoplasma sogenannte **80S-Ribosomen** (was das bedeutet, erfahrt ihr in ➢ Kapitel 1.4.4) besitzen, gibt es im inneren der Mitochondrien **70S-Ribosomen.** Wo findet man ebenfalls 70S-Ribosomen? Richtig, in Bakterien!

Außerdem gut zu wissen: Spermien enthalten zwar Mitochondrien, die bei der Befruchtung in der Regel jedoch nicht in die Eizelle gelangen (wenn doch, werden sie dort eliminiert). Folglich stammen alle Mitochondrien eines Kindes ausschließlich **von seiner Mutter (maternaler Erbgang).** Dies wird besonders bei genetischen Defekten, die die mitochondriale DNA betreffen, wichtig.

Wer beim Thema Mitochondrium wirklich punkten will, kommt allerdings an der Biochemie nicht vorbei: Im Mitochondrium findet sich eine Vielzahl von Stoffwechselwegen, darunter Citratzyklus, β-Oxidation der Fettsäuren und die Atmungskette.

FÜR DIE KLAUSUR

Auf die großen Stoffwechselwege können wir in diesem Buch natürlich nicht eingehen. Wenn ihr aber in der Biochemie mit ihnen konfrontiert werdet, verliert euch nicht sofort in Details, sondern stellt erstmal sicher, dass die wichtigsten Fakten sitzen:

- Name
- Lokalisation
- Was geht rein?
- Was kommt raus?
- Was sind die wichtigsten Enzyme? Tipp: Das sind in der Regel die Enzyme, die stark reguliert sind!

Als kleine Hilfe zur Lokalisation: Einige Stoffwechselwege finden in mehreren Kompartimenten der Zelle statt. Wie merkt man sie sich?

HUGs take 2! **H**ämoglobinsynthese, **U**rea-Cycle (Harnstoffzyklus) und **G**luconeogenese erstrecken sich über zwei oder mehr Kompartimente.

Zum Schluss noch zwei Fakten, für Punkte im Physikum:

1. Für den Import von Proteinen besitzen Mitochondrien Transporter in der inneren und äußeren Membran: **TIM** (**T**ranslocase of **I**nner mitochondrial **M**embrane) und **TOM** (**T**ranslocase of **O**uter mitochondrial **M**embrane).
2. Die **Cytochrom-c-Oxidase,** ein Enzym der Atmungskette, wird durch Zyankali gehemmt.

LERNTIPP

Zyankali hemmt die **Z**ytochrom-**Z**e-Oxidase!

1.4.3 Proteasom

Nach dem großen Thema Mitochondrium kommen wir nun zu einem Organell, über das man nicht ganz so viel wissen muss.

In einer Zelle fallen oft Proteine an, die nicht mehr gebraucht werden. Man könnte nun meinen, dass es sinnvoll wäre, diese ins Blut abzugeben und quasi zu entsorgen. Viel effizienter ist es allerdings, sie zu recyceln, und genau dafür gibt es im Zytoplasma das **Proteasom.** Damit ein Protein zum Proteasom gelangt, muss es zunächst mit einer Substanz markiert werden, die deutlich macht, wo es hingehen soll. Diese Substanz heißt **Ubiquitin.** Innerhalb des Proteasoms wird das Protein in kleinere Peptidketten gespalten, die wiederum bis zu den einzelnen Aminosäuren abgebaut werden können. Aus den Aminosäuren können dann neue Proteine synthetisiert werden. Das Proteasom wird oft als tonnenförmig beschrieben, was schließlich auch gut zu seiner Funktion passt.

1.4.4 Ribosomen

Wir haben gelernt, dass die Aminosäuren, die beim Proteinabbau frei werden, genutzt werden können, um neue Proteine zu synthetisieren. Das Organell, das für die Synthese von Proteinen zuständig ist, heißt **Ribosom.** Ribosomen bestehen selbst aus **Proteinen** und einer speziellen Sorte RNA, der ribosomalen **RNA (rRNA).** Man bezeichnet sie deshalb auch als **Ribonucleoproteine.**

FÜR AHNUNGSLOSE

Was genau ist RNA und wie unterscheidet sie sich von DNA? Die Antwort gibt's in ➤ Kapitel 2.3!

Ribosomen bestehen aus zwei Untereinheiten, die sich nur dann zusammenlagern, wenn ein Protein synthetisiert werden soll. Ansonsten „ruhen“ beide dissoziiert im Zytoplasma. Man unterscheidet zwischen **kleiner (40S)** und **großer (60S) Untereinheit.** Beide Untereinheiten zusammen bilden dann das **80S-Ribosom.**

In Prokaryonten und Mitochondrien finden sich dagegen **70S-Ribosomen.** Auch diese bestehen aus einer **kleinen (30S)** und einer **großen (50S) Untereinheit.**

FÜR AHNUNGSLOSE

Was hat es mit dem „S“ auf sich? Das S steht für Svedberg, die Einheit der Sedimentationskonstante. Diese Größe ist bei der Zentrifugation eines Teilchens wichtig. Merkt euch, dass sich die Sedimentationskonstanten von großer und kleiner Untereinheit nicht zur Sedimentationskonstante des gesamten Ribosoms addieren ($40 + 60 \neq 80$)!

Besser: Denkt in 20er-Schritten!

- Für die Ribosomen von Eukaryonten: 40, 60, 80
- Für die Ribosomen von Prokaryonten und Mitochondrien: 30, 50, 70

Ribosomen müssen natürlich auch wissen, in welcher Reihenfolge sie Aminosäuren zu einem Protein zusammensetzen sollen. Dafür gibt es in unserer Zelle sogenannte **mRNAs,** die gewissermaßen das „Kochrezept“ darstellen. An einer mRNA lagern sich beide Untereinheiten des Ribosoms zusammen und die Translation, also die Synthese der Polypeptidkette beginnt. An einer mRNA können natürlich auch mehrere Proteine gleichzeitig arbeiten. Eine solche Perlenkette von mRNA und Ribosomen bezeichnet man als **Polysom.**

FÜR AHNUNGSLOSE

Peptid, Protein, Polypeptid? Die Nomenklatur hängt von der Anzahl der Aminosäuren ab, die zu einer Kette verknüpft sind. Die Definitionen sind aber nicht in Stein gemeißelt, sondern dienen vielmehr als Richtwerte.

Tab. 1.1 Nomenklatur der Peptide und Proteine

Anzahl der Aminosäuren	Bezeichnung
2	Dipeptid
3	Tripeptid
< 20	Oligopeptid
20–100	Polypeptid
> 100	Protein

1.4.5 Endoplasmatisches Retikulum

Es gibt noch eine Vielzahl weiterer Prozesse, die in unseren Zellen ablaufen. Um die Substrate für diese Reaktionen in hohen Konzentrationen anreichern zu können, wäre es doch praktisch, wenn man die Reaktion räumlich voneinander trennen könnte. Die Zelle hat dafür ein Membransystem, das große Teile der Zelle netzartig durchzieht und dabei Kanäle bildet, das **endoplasmatische Retikulum (ER).** Man unterscheidet ER, das mit Ribosomen besetzt ist und deshalb im elektronenmikroskopischen Bild **rau (rough) aussieht (rER)** und das **glatte (smooth) ER ohne Ribosomen (sER)** (➤ Abb. 1.12).

Wir werden glattes und raues ER aufgrund der unterschiedlichen Funktionen getrennt besprechen. Ihr solltet aber wissen, dass glattes ER durch Anlagerung von Ribosomen zu rauem ER werden kann und umgekehrt. Übrigens ist das ER auch sonst sehr dynamisch. Verarbeitete Stoffe werden in Form von Vesikeln abgeschnürt, andere Stoffe werden importiert und die Membranen bilden permanent neue Lumina.

- **Glattes ER:**
  Hier ist Faktenwissen gefragt! Die wichtigsten Funktionen des glatten ER sind:
  - **Lipidsynthese:**
    Dazu zählt einerseits die Synthese von Phospholipiden (die in jeder biologischen Membran gebraucht werden), andererseits auch die Synthese von Steroidhormonen. Entsprechend verfügen Gewebe, deren Zellen viele Steroidhormone produzieren (Hoden, Ovarien, Nebennierenrinde etc.) über vergleichsweise große Mengen an glattem ER.

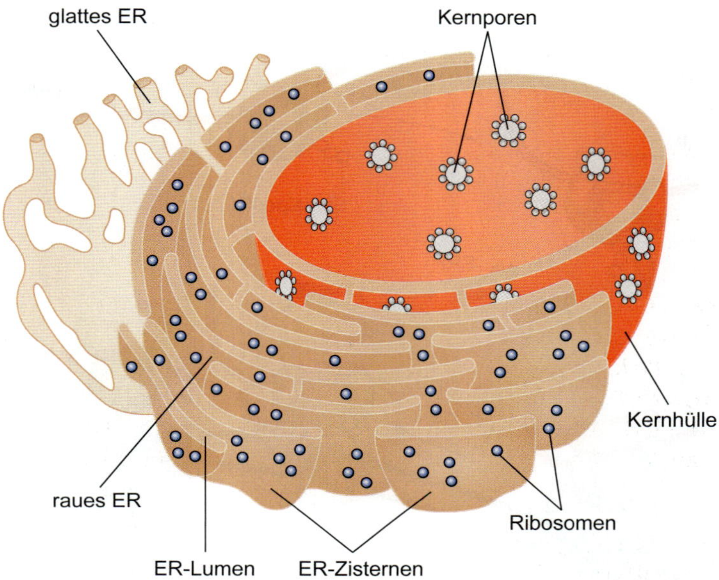

Abb. 1.12 Endoplasmatisches Retikulum [L231]

- **Calciumspeicher:**
  Diese Funktion ist vor allem in Muskelzellen wichtig (dort wird das endoplasmatische Retikulum auch sarkoplasmatisches Retikulum genannt). Soll eine Kontraktion ausgelöst werden, strömen Calcium-Ionen ins Zytosol, was über verschiedene Mechanismen zur Kontraktion führt.
- **Biotransformation:**
  Die Biotransformation ist eigentlich eine Domäne der Biochemie. Grob gesagt geht es darum, Stoffe durch chemische Reaktionen in eine Form zu bringen, in der sie ausgeschieden werden können. Das glatte ER ist an diesem Prozess maßgeblich beteiligt, was vor allem daran liegt, dass es über ein Enzym namens **Cytochrom P450 (CYP)** verfügt, das ihr in diesem Zusammenhang unbedingt kennen solltet! Entsprechend verfügen Zellen, die viel Biotransformation betreiben (Leber etc.), über große Mengen an glattem ER. Die Menge an ER kann dabei sogar noch gesteigert werden (man spricht von **Induktion),** wenn die Zellen häufig mit bestimmten Substanzen in Kontakt kommen. Als wichtige Beispiele solltet ihr euch die **Barbiturate** (Pharmaka, die früher vor allem als Schlafmittel verwendet wurden) und **Rifampicin** (ein Antibiotikum, das CYP450 induziert) einprägen.
- Kohlenhydratspeicher
- In der Leber übt das glatte ER noch eine weitere wichtige Funktion aus: In seiner Membran sitzt ein Enzym namens Glucose-6-phosphatase. Dieses spaltet, wie der Name erahnen lässt, Phosphatgruppen von Glucose-6-phosphat ab. Die entstehende Glucose kann die Hepatozyten verlassen und gelangt über das Blut dorthin wo sie gebraucht wird.

• **Raues ER:**
Da das raue ER mit Ribosomen besetzt ist, kann man seine Aufgabe schon erahnen: Die Synthese von Proteinen! Sowohl die Ribosomen, die frei im Zytoplasma schwimmen, als auch die Ribosomen des rauen ER sind in der Lage, Proteine zu synthetisieren. Dabei besteht eine klare Aufgabenteilung:
  - Die Ribosomen des rER synthetisieren **sekretorische, lysosomale und Membranproteine** (➤ Abb. 1.13).
  - Die Ribosomen des Zytosols stellen Proteine her, die letztlich im Zytosol bleiben.

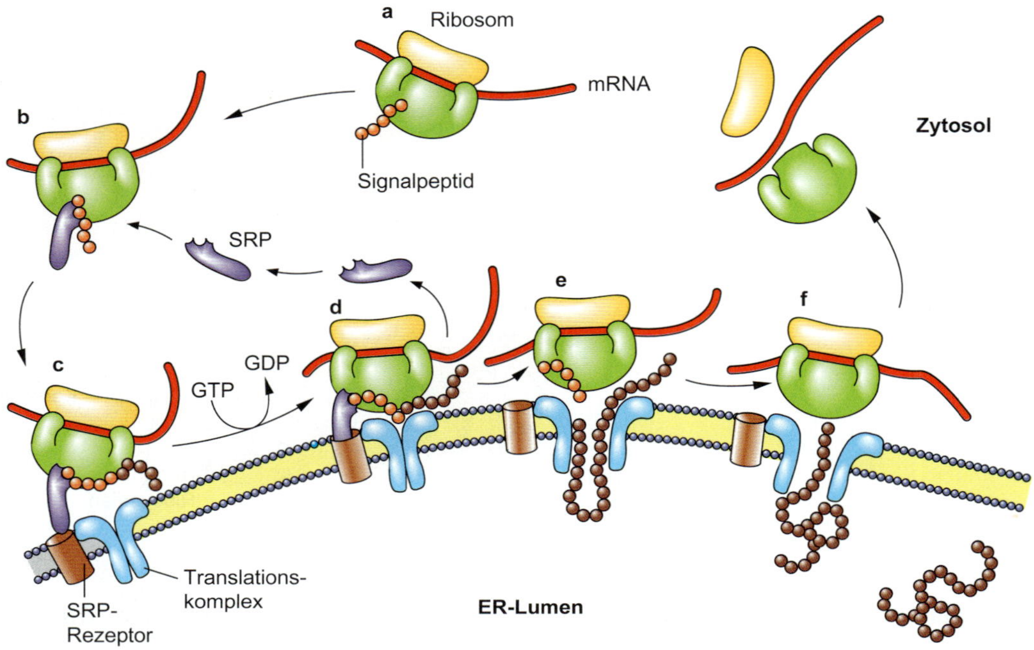

Abb. 1.13 Proteinsynthese am rER [L253]

FÜR AHNUNGSLOSE

Was sind sekretorische, lysosomale und Membranproteine?

Sekretorische Proteine werden aus der Zelle exportiert (sezerniert). Lysosomale Proteine werden später ins Lysosom (➤ Kapitel 1.4.7) transportiert, wo sie, z. B. als Enzyme, verschiedenste Aufgaben erfüllen. Membranproteine werden in die Zellmembran eingebaut.

Aber woher weiß die Zelle, ob ein Protein am rauen ER synthetisiert werden soll? Gelangt eine mRNA ins Zytosol, lagern sich zwei ribosomale Untereinheiten zusammen und die **Translation** (also die Übersetzung der Basenfolge in eine Aminosäurensequenz) beginnt. Die ersten Aminosäuren, die das Ribosom verknüpft, werden **Signalpeptid** genannt. Warum? Weil sie ein Signal darstellen, das dazu führt, dass ein Molekül mit dem treffenden Namen **SRP** (Signal Recognition Particle) an die entstehende Aminosäurensequenz bindet. Durch die Bindung des SRP weiß die Zelle: Dieses Protein soll am rauen ER synthetisiert werden. Die Translation pausiert, das Ribosom wandert zum ER und bindet dort. Da nur die mRNAs von sekretorischen, lysosomalen und Membranproteinen für ein Signalpeptid codieren, gelangen auch nur diese Proteine während ihrer Entstehung zum rauen ER.

Sobald das Ribosom am ER angelangt ist, dissoziiert das SRP ab, die Translation geht weiter und die entstehende Peptidkette gelangt durch einen Proteinkomplex namens **Translocon** in das Lumen des ER. Dort wird das Signalpeptid abgespalten und das Protein weiter modifiziert.

FÜR DIE KLAUSUR

Die wichtigste Modifikation ist dabei das anhängen von Zucker an Stickstoffatome **(*N*-Glykosylierung).** Alle Stickstoffatome? Nein, die *N*-Glykosylierung beschränkt sich auf die Seitenkette der Aminosäure **Asparagin.** Merkt euch also:

Im e**N**doplasmatischen Retikulum kommt es zur **N**-Glykosylierung von AsparagiN-Seitenketten.

Im endoplasmatischen Retikulum sind allerdings auch weitere Modifikationen wie **Hydroxylierungen** und das Einfügen von **Disulfidbrücken** möglich.

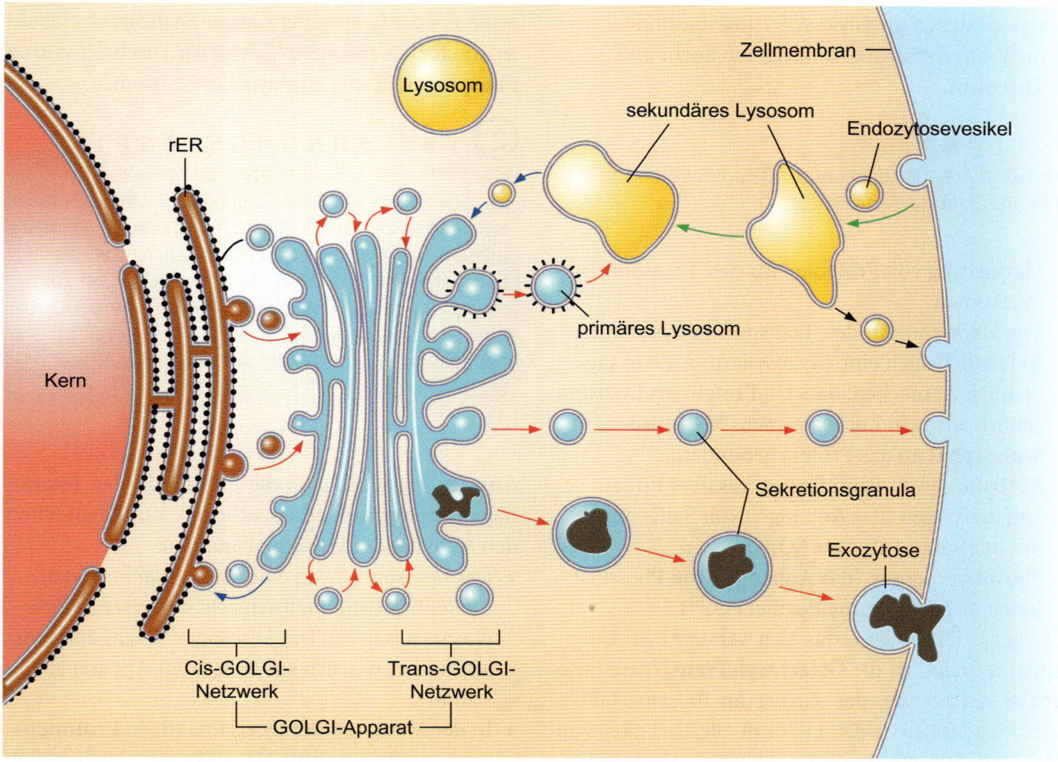

Abb. 1.14 Der Golgi-Apparat [L253]

Übrigens: Ansammlungen von rauem ER in Neuronen bezeichnet man auch als **Nissl-Schollen** bzw. **Tigroid.**

1.4.6 Golgi-Apparat

Die Proteine, die am rauen ER produziert wurden, gelangen zum **Golgi-Apparat** und von dort weiter zum Ort ihrer Bestimmung. Der Golgi-Apparat wird deswegen gelegentlich als **Paketzentrum der Zelle** bezeichnet, was aber seinen vielfältigen Aufgaben nicht ganz gerecht wird, denn hier finden unter anderem auch noch weitere **posttranslationale Modifikationen** statt.

Doch zunächst ein paar Fakten zur Struktur:

Der Golgi-Apparat besteht, ähnlich wie das ER, aus Membranen, die Hohlräume (sogenannte **Zisternen**) bilden. Diese Hohlräume organisieren sich zu Stapeln, die man **Diktyosomen** nennt. Eine Seite des Golgi-Apparats ist dem rauen ER zugewandt, von dem es Vesikel mit frisch synthetisierten und modifizierten Proteinen empfängt. Diese Seite bezeichnet man als **cis-Golgi-Netzwerk.** Auf der anderen Seite des Golgi-Apparats werden die verarbeiteten Proteine in Vesikeln abgeschnürt und weitertransportiert. Man spricht vom **trans-Golgi-Netzwerk** (➤ Abb. 1.14).

Was passiert nun im Golgi-Apparat?

Grundsätzlich kann man sagen, dass die Proteine hier weiter modifiziert werden. Die Modifikationen können etwa für die Funktion des Proteins wichtig sein, aber auch deutlich machen, wohin es im weiteren Verlauf transportiert werden muss. Ihr solltet euch die wichtigsten Modifikationen, zu denen der Golgi-Apparat in der Lage ist, merken:

- **Glykosylierung:**
  Wie das raue ER auch kann der Golgi-Apparat Zucker an Proteine anhängen. Im Gegensatz zum ER werden die Zucker hier allerdings mit Sauerstoffatomen verknüpft (und nicht mit Stickstoff). Entsprechend handelt es sich bei den Aminosäu-

1

ren, an denen die Glykosylierung stattfindet, nicht um Asparagin, sondern um **Serin** und **Threonin.**

LERNTIPP

Im G**O**lgi-Apparat kommt es zur **O**-Glykosylierung an Serin- und Thre**O**nin-Seitenketten.

- Markierung von Proteinen für den Transport in Lysosomen:
  Das Markieren für den Transport in Lysosomen ist letztlich auch eine Glykosylierung, denn um deutlich zu machen, dass ein Protein ins Lysosom gehört, wird ein Zucker namens **Mannose-6-phosphat** an das Protein gebunden.
- Abspaltung von Peptidketten aus dem Protein
- Sulfatierungen (das Anhängen von Sulfat-Ionen mit der Summenformel SO_4^{2-})
- Phosphorylierung (das Anhängen von Phosphat-Ionen mit der Summenformel PO_4^{3-})

Übrigens: Ein Enzym, das sich verstärkt im Golgi-Apparat findet, ist die **Galactosyl-Transferase** (also wieder ein Enzym, das Zucker an Proteine heften kann), sodass es in der Literatur oft als Leitenzym des Golgi-Apparats bezeichnet wird.

FÜR AHNUNGSLOSE

Was ist ein Leitenzym? Ein Leitenzym ist ein Enzym, das für eine bestimmte Zellstruktur charakteristisch ist. Habt ihr im Labor in einer Probe z. B. große Mengen Galactosyl-Transferase, könnt ihr davon ausgehen, dass in eurer Probe Golgi-Apparate vorhanden sind.

Was passiert, wenn die lysosomalen Enzyme nicht richtig markiert werden können? Sie können in die Zellmembran und den Extrazellularraum gelangen und dort schwere Schäden anrichten. Ein Beispiel dafür ist die I-Zellkrankheit, die mit geistiger Retardierung einhergeht.

1.4.7 Lysosomen

Lysosomen sind für den Verdau, also den Abbau, von Makromolekülen zuständig. Im Gegensatz zum Proteasom, das sich auf den Abbau von Proteinen beschränkt, ist das Lysosom weniger spezialisiert.

Um viele verschiedene Stoffe abzubauen, braucht es natürlich viele verschiedene Enzyme (Nucleasen, Proteasen Lipasen etc.). Für Lysosomen sind vor allem Enzyme aus der Gruppe der **sauren Hydrolasen** charakteristisch. Besonders gern gefragt wird nach der **sauren Phosphatase,** dem Leitenzym der Lysosomen.

FÜR AHNUNGSLOSE

Was sind saure Hydrolasen bzw. Phosphatasen? Hydrolasen sind Enzyme, die Bindungen unter Einbau eines Wassermoleküls spalten. Phosphatasen gehören zu den Hydrolasen. Sie spalten eine Phosphorsäureester-Bindung und benötigen dafür ein Wassermolekül. Der Zusatz „sauer" macht deutlich, dass die Enzyme ihr **pH-Optimum im Sauren** haben, also bei einem sauren pH am besten funktionieren. Für die saure Phosphatase liegt das pH-Optimum bei 4,5–5,5.

Aus der Tatsache, dass die Enzyme in den Lysosomen im Sauren am besten arbeiten, kann man schon den Aufbau der Lysosomen erahnen:

- Das Lysosom ist von einer Membran begrenzt, schließlich kann man schlecht das gesamte Zytoplasma ansäuern. Das Lysosom entsteht übrigens als Vesikel, das sich aus dem Golgi-Apparat abschnürt.
- In der Membran des Lysosoms sitzen **Protonenpumpen** (sogenannte **H^+-ATPasen**). Diese befördern unter Verbrauch von ATP Protonen in die Lysosomen und sorgen so für den niedrigen pH im Inneren.

FÜR AHNUNGSLOSE

Was für einen Sinn hat es, dass die lysosomalen Enzyme ihr pH-Optimum im Sauren haben? Sollte es aus irgendwelchen Gründen einmal ein Enzym aus dem Mitochondrium ins Zytoplasma schaffen, kann es dort, aufgrund des höheren pHs nicht richtig arbeiten und keinen großen Schaden anrichten. Das saure pH-Optimum schützt die Zelle also vor dem Selbstverdau. Werden aber große Mengen lysosomaler Enzyme freigesetzt, ist das trotzdem ein Problem, was z. B. bei der **Gicht** deutlich wird. Dabei wird die Membran der Lysosomen durch **Harnsäurekristalle** geschädigt, was zu einer schmerzhaften entzündlichen Reaktion führt. Bei der **Silikose** (Quarzstaublunge) kommt es ebenfalls zur Ruptur der Lysosomen, wobei hier eingeatmete **Quarzkristalle** (etwa im Bergbau) für die Entstehung der Krankheit verantwortlich sind.

Im Hinblick auf Klausuren und Physikum solltet ihr auch die Einteilung der Lysosomen in ihre verschiedene „Stadien" kennen:

1. Ein Lysosom, das noch nicht mit abzubauenden Stoffen gefüllt ist (sich also frisch aus dem Golgi-Apparat abgeschnürt hat), bezeichnet man als **primäres Lysosom.**
2. Verschmilzt das primäre Lysosom mit einem Vesikel, das ein Molekül enthält, das abgebaut werden soll, spricht man von einem **sekundären Lysosom.** Man unterscheidet dabei:
   - **Autolysosomen,** die zelleigene Stoffe abbauen.
   - **Heterolysosomen,** die zellfremde Stoffe (z. B. Bakterienbestandteile) abbauen. Der zeitnahe und sichere Abbau zellfremder Stoffe ist besonders für die Infektabwehr von Bedeutung.
3. Nach dem Abbau im sekundären Lysosom werden alle Stoffe, die noch verwertbar sind ins Zytoplasma exportiert. Manche Stoffe können allerdings nicht abgebaut werden und müssen eingelagert werden. Ein Lysosom, das eine solche Speicherfunktion ausübt, wird **tertiäres Lysosom, Telolysosom** oder **Residualkörper** genannt. Bei einem Großteil der Stoffe, die nicht abgebaut werden können, handelt es sich um Lipide, sodass vor allem Fette (aber auch Proteine) in den tertiären Lysosomen zurückbleiben und bräunliche Ablagerungen bilden, die auch als **Lipofuscingranula** bzw. Alterspigment bezeichnet werden. Nur weil's im Physikum schon mal gefragt wurde: Lipofuscin zeigt Autofluoreszenz.

Lysosomen können übrigens auch mit der Zellmembran verschmelzen und dabei ihre Enzyme nach außen (in den Extrazellularraum) abgeben.

- **Osteoklasten** nutzen die Exozytose von lysosomalen Enzymen um Knochen abzubauen.
- **Spermien** besitzen in ihrem Kopf ein Lysosom, das **Akrosom** genannt wird, um die Zona pellucida (die Schutzhülle der Eizelle) aufzulösen.

1.4.8 Peroxisomen

Bei den **Peroxisomen** (Microbodies) kann man die Aufgabe schon aus dem Namen erahnen: Sie bauen das in der Zelle anfallende Wasserstoffperoxid ab. Hierfür verfügen die Peroxisomen über zwei Enzyme namens **Peroxidase** und **Katalase,** die den Abbau von Wasserstoffperoxid zu Wasser und Sauerstoff katalysieren. Die Reaktion, die von der Katalase unterstützt wird, lautet:

$$2\,H_2O_2 \rightarrow 2\,H_2O + O_2$$

FÜR DIE KLAUSUR

Die meisten Studenten wissen, dass Wasserstoffperoxid von der Zelle entsorgt werden muss, weil es ein „Zellgift" ist. Bei manchen Themen ist es allerdings gut, wenn man, gerade im Hinblick auf die mündliche Prüfung, ein bisschen Hintergrundwissen parat hat:

Wasserstoffperoxid als solches ist kein freies Radikal. Sind aber zweifach positiv geladene Eisen-Ionen in der Zelle vorhanden, katalysieren diese eine Reaktion, in der aus dem Wasserstoffperoxid unter anderem **Hydroxyl-Radikale** entstehen. Diesen Vorgang bezeichnet man als **Fenton**-Reaktion. Diese Radikale reagieren mit allem, was ihnen in die Quere kommt, sodass es zu Schäden an DNA, Proteinen und Lipiden kommen kann.

Eine weitere Aufgabe der Peroxisomen ist der **Abbau von Fettsäuren.** Wenn ihr aufmerksam mitgelesen habt, fällt euch möglicherweise auf, dass wir die β-Oxidation der Fettsäuren aber schon als Aufgabe des Mitochondriums kennengelernt haben. In das Peroxisom gelangen nur Fettsäuren, die besonders lang (also aus vielen C-Atomen aufgebaut) sind. Dort werden einige Kohlenstoffatome abgespalten und die nun kürzeren Fettsäuren gelangen zum endgültigen Abbau ins Mitochondrium.

Peroxisomen können aber auch Fette synthetisieren. Genauer gesagt entstehen in ihnen **Plasmalogene (Etherlipide),** die vor allem für die Myelinscheiden des Nervensystems, aber auch im Herz von Bedeutung sind.

Die Peroxisomen einer Zelle entstehen entweder aus Abschnürungen des rauen ER oder durch Knospung aus anderen Peroxisomen.

Außerdem wissenswert: Für die Funktion der Peroxisomen sind sogenannte **Peroxine** wichtig, die durch die PEX-Gene codiert werden. Mutationen in diesen Genen wirken sich auf den gesamten Organismus aus und können Krankheiten wie das Zellweger- oder das Refsum-Syndrom hervorrufen.

1

1.4.9 Anfärbbarkeit der Zellorganellen

Möchte man Zellen und deren Bestandteile unter dem Mikroskop sichtbar machen, muss man sie färben. Da sich die Zellorganellen hinsichtlich ihrer Eigenschaften, z. B. ihrer Ladung, teils deutlich unterscheiden, binden sie manche Farbstoffe besser als andere. Diesen Umstand macht man sich zunutze, indem man verschiedene Farbstoffe kombiniert, um so zelluläre Strukturen eindeutig zu identifizieren. Ihr müsst bei Weitem nicht die ganze Bandbreite verschiedener Farbstoffe kennen, aber Grundkenntnisse zu den geläufigsten Färbemethoden werden sich im Histologiekurs bezahlt machen.

- **Hämatoxilin-Eosin:** Die Hämatoxilin-Eosin-Färbung wird oft als Übersichtsfärbung bezeichnet, da sich mit ihr viele Strukturen der Zelle gut darstellen lassen. Derivate des **Hämatoxilins** binden sich aufgrund ihrer positiven Ladung bevorzugt an negativ geladene Zellbestandteile wie etwa DNA und RNA (aufgrund der negativ geladenen Phosphatgruppen im Rückgrat) und damit natürlich auch an den Zellkern, die Ribosomen und das raue ER. Im Lichtmikroskop zeigen diese dann eine mehr oder weniger stark ausgeprägte **blaue Färbung.** Diese Bestandteile werden entsprechend als **basophil** bezeichnet. **Eosin** bindet sich dagegen an positiv geladene **(eosinophile)** Zellbestandteile und färbt diese **rot.** Als Beispiele könnt ihr euch die Mitochondrien, weite Teile des Zytoplasmas, das glatte ER und diverse Proteine einprägen.
- **Azan:** Betrachtet man eine Azan-Färbung unter dem Mikroskop, imponieren vor allem die roten Zellkerne (das Zytoplasma wird ebenfalls rötlich angefärbt). Sowohl Kollagen- als auch die meisten anderen Fasern sowie Schleim stellen sich dagegen blau dar.
- **Elastika-van-Gieson:** Diese Färbung eignet sich vor allem zum Darstellen von Fasern, wobei in erster Linie die elastischen Fasern auffällig **dunkelviolett** angefärbt werden.
- **PAS** (Periodic-Acid-Schiff-Reaktion): Eine PAS-Färbung führt zu einer starken Anfärbung **kohlenhydrathaltiger Strukturen** wie Glykogen oder Cellulose. Mit ihr können z. B. Pilzbestandteile nachgewiesen werden. Sie eignet sich aber auch zur besseren Darstellung der **Becherzellen** des Verdauungstrakts, die ein polysaccharid-reiches Sekret produzieren.
- **Kongorot:** Mit dieser Färbung lassen sich unlösliche Proteine nachweisen, die bei **Amyloidosen** anfallen.
- **Ziehl-Neelsen:** Durch die Ziehl-Neelsen Färbung lassen sich **säurefeste Bakterien** wie die Mykobakterien darstellen (➤ Kapitel 5.1.6).

1.5 Zytoskelett

Wir haben bereits die Zellmembran als äußere Begrenzung der Zelle kennengelernt. Wäre die Zelle aber lediglich ein „mit einer wässrigen Lösung gefüllter Sack", wäre es um ihre Stabilität wohl eher schlecht bestellt – und an die Fähigkeit zur **aktiven Bewegung,** die einige Zellen offensichtlich besitzen, wäre gar nicht zu denken.

Ein weiteres Strukturelement wäre also durchaus sinnvoll, und hier kommt das **Zytoskelett** ins Spiel. Merkt euch aber, dass sich der Aufgabenbereich des Zytoskeletts nicht nur auf Stabilität und Mobilität beschränkt. Es ist z. B. auch essenziell für **intrazelluläre Transportvorgänge und Zellteilung.**

FÜR AHNUNGSLOSE

Wie ist der Begriff Zytoskelett definiert? Zytoskelett ist der Oberbegriff für die Gesamtheit aller Fasern (Filamente), die die Zelle – genauer das Zytoplasma – durchziehen und die genannten Aufgaben übernehmen. Man unterscheidet dabei verschiedene Fasertypen, die aber alle **aus Proteinen** aufgebaut sind.

FÜR DIE KLAUSUR

Da es vor allem in mündlichen Prüfungen wichtig ist, sein Wissen schön zu verpacken, solltet ihr einige Fachbegriffe (etwa „Filamente" statt „Fasern") in euer Repertoire aufnehmen. Gewöhnt euch deswegen daran, die Inhalte, die ihr lernt, vorzutragen. Nur so kann man herausfinden, ob man die Fachtermini auch richtig anwenden kann.

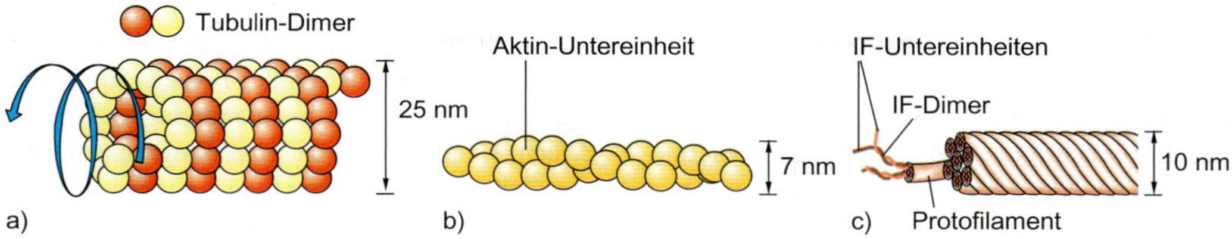

Abb. 1.15 Zytoskelett-Elemente:
a) Mikrotubuli
b) Aktinfilamente
c) Intermediärfilamente [L253]

Wir unterscheiden drei wichtige Fasertypen, auf die wir im Detail eingehen wollen: Die **Mikrotubuli,** die **Intermediärfilamente** und die **Aktinfilamente.** Dabei sollte man im Hinblick aufs Physikum wissen, dass der Durchmesser der Aktinfilamente am kleinsten ist (ca. 5 nm). In der Mitte liegen die Intermediärfilamente mit 10 nm (das könnt ihr euch gut vom Namen herleiten – Intermediär = in der Mitte) und am dicksten sind die Mikrotubuli (25 nm) (➤ Abb. 1.15).

LERNTIPP

Manche Studenten lassen sich in Prüfungen von der Silbe „Mikro" in Mikrotubuli verwirren und denken, dass es sich folglich um die dünnsten Zytoskelett-Elemente handeln müsste. Merkt euch besser, dass Mikrotubuli so dick sind, dass man schon von richtigen „Röhren" (Tubuli) und nicht von Fasern (Filamenten) spricht.

FÜR DIE KLAUSUR

Viele Studenten fragen sich, wie genau sie Zahlenwerte im Medizinstudium auswendig lernen müssen. Eine pauschale Aussage darüber ist natürlich schwierig. Allerdings solltet ihr bedenken, dass gerade viele „kleine" Zahlen, also etwa im zellulären Bereich kontinuierlichen Diskussionen unterworfen sind, sodass es häufig sinnvoll ist, nur eine ungefähre Einordnung vornehmen zu können. Außerdem muss man im Physikum Rechenaufgaben ohne Taschenrechner bewältigen und hat keine Zeit für gigantische Nebenrechnungen! Angaben, die ihr unbedingt kennen müsst, werden natürlich in diesem Buch hervorgehoben. Für die Klausuren an der eigenen Universität ist es immer hilfreich, Studenten aus höheren Semestern zu fragen!

1.5.1 Mikrotubuli

Leider werden einige Details zum Aufbau der Mikrotubuli vergleichsweise gerne gefragt, sodass ihr diese verinnerlichen solltet. Der Grundbaustein der Mikrotubuli sind die sogenannten **Tubuline.** Es handelt sich dabei um globuläre (kugelförmige) Proteine, von denen es zwei Typen (alpha und beta) gibt.

Je ein α- und ein β-Tubulin bilden zusammen einen sogenannten **Heterodimer.** Dabei entstehen Disulfidbrücken zwischen den einzelnen Tubulinen, sodass das Heterodimer vergleichsweise stabil ist. Lagern sich nun mehrere Heterodimere aneinander, entsteht ein längliches **Protofilament.** 13 Protofilamente können sich nun Seite an Seite zu einer Röhre zusammenlagern. Dabei bilden die Protofilamente die Wände der Röhre und umschließen ein gemeinsames Lumen. Die entstehende Röhre ist ein einzelner **Mikrotubulus (Singulette).**

Die Filamente liegen dabei nicht ganz gerade nebeneinander, sondern sind spiralförmig angeordnet.

Da die Mikrotubuli durch Aneinanderreihen von Heterodimeren entstehen, kann die Zelle einen fertigen Mikrotubulus weiter verlängern oder verkürzen. Man bezeichnet sie deshalb auch als **reversibel.**

FÜR DIE KLAUSUR

Gerne gefragt werden Gifte, die die **Polymerisation,** also den Aufbau der Mikrotubuli, hemmen. Als Beispiele solltet ihr euch **Vincristin** und **Colchicin** merken. Klinische Anwendung (in der Chemotherapie) findet zudem **Taxol,** eine Substanz, die die Mikrotubuli stabilisiert und damit ihren Abbau verhindert, sodass die Zellteilung gestört wird.

Die zweite nennenswerte Eigenschaft der Mikrotubuli ist ihre **Polarität.** Durch die Aneinanderreihung von lauter Heterodimeren muss an einem Ende ein α- und am anderen Ende ein β-Tubulin zu liegen kommen. Folglich lassen sich die beiden Enden eines Mikrotubulus voneinander unterscheiden. Man bezeichnet ihn deshalb als polar und definiert das α-Tubulin-Ende als minus und das β-Tubulin-Ende als plus.

LERNTIPP

Anna **m**ag **b**unte **P**ilze – **a**lpha = **m**inus, **b**eta = **p**lus

Die Mikrotubuli sind auch für intrazelluläre Transportvorgänge bedeutsam: Sie dienen sogenannten Motorproteinen wie **Kinesin** und **Dynein** als Schienen, an denen diese entlanglaufen können, während sie bestimmte Stoffe transportieren. Diese Transportproteine erkennen sogar die Polarität der Mikrotubuli: Kinesin bewegt sich in Richtung des Pluspols, Dynein wandert dagegen zum Minuspol. In einem Neuron sind die Mikotubuli übrigens so ausgerichtet, dass der Pluspol an der Synapse und der Minuspol am Zellkörper (Soma) liegt. Für den Transport durch das Axon gilt dann natürlich:

- Kinesin vermittelt den **anterograden** Transport (vom Soma zur Synapse).
- Dynein vermittelt den **retrograden** Transport (von der Synapse zum Soma).

LERNTIPP

Dynein will **D**aheim bleiben – und vermittelt deshalb den retrograden Transport zurück zum Zellkörper!

Außerdem schon mal gefragt: Mikrotubuli sind auch in Thrombozyten bedeutsam. Dabei bilden sie in einem Bereich direkt unter der Membran (der **Hyalomer** genannt wird) einen Ring, der wichtig wird, wenn der Thrombozyt aktiviert wird und seine Granula freisetzen muss.

1.5.2 Intermediärfilamente

Im Unterschied zu den Mikrotubuli hat bereits der kleinste Baustein der Intermediärfilamente eine längliche Struktur (nicht wie die kugelförmigen Tubuline). Es handelt sich dabei um lange Polypeptidketten. Die Polymerisation der Intermediärfilamente ist ein relativ verwirrender Prozess, in dem sich viele Polypeptidketten aneinanderlagern und verdrillen. Man spricht in diesem Zusammenhang auch von **Coiled-Coil-Dimeren** (coil = aufwickeln).

Aus dieser Struktur lässt sich bereits erahnen: Intermediärfilamente sind weit **weniger dynamisch als Mikrotubuli** – sie werden vor allem produziert, um der Zelle **Stabilität** zu geben und eignen sich besonders, um Zugkräften zu widerstehen.

Ebenfalls unterscheiden sie sich von Mikrotubuli in der Hinsicht, dass bei ihnen **keine Polarität** erkennbar ist.

FÜR DIE KLAUSUR

Besonders die Bedeutung von Intermediärfilamenten in der Tumordiagnostik wird gerne gefragt. Die notwendigen Fakten findet ihr in ➤ Kapitel 1.5.5.

Die Bedeutung der Intermediärfilamente für die mechanische Stabilität der Zellen zeigt sich besonders bei der **Epidermolysis bullosa simplex:** Die Zytokeratine sind ein wichtiger Vertreter der Intermediärfilamente. Bei der Epidermolysis bullosa simplex ist ein Gen für ein Zytokeratin defekt. In Folge dessen kommt es bei den Betroffenen bereits bei alltäglichen Belastungen zur Blasenbildung der Haut.

1.5.3 Aktinfilamente

ACHTUNG!

Da Aktinfilamente die Zytoskelett-Elemente mit dem geringsten Durchmesser sind, werden diese auch als **Mikrofilamente** bezeichnet. In der Klausur solltet ihr deswegen genau lesen, ob von Mikrotubuli oder Mikrofilamenten die Rede ist, ansonsten verschenkt ihr leichte Punkte.

Die Grundbausteine der Aktinfilamente sind wieder **globuläre Proteine (G-Aktin).** Diese können zu **Fibrillen (F-Aktin)** polymerisieren, wobei übrigens Energie in Form von ATP verbraucht wird. Für das fertige Aktinfilament winden sich zwei dieser F-Aktine umeinander und bilden eine doppelhelikale Struktur.

FÜR AHNUNGSLOSE

Wenn ihr euch unter einer doppelhelikalen Struktur nichts vorstellen könnt, werft einen Blick auf den DNA Doppelstrang.

Auch bei Aktinfilamenten lässt sich eine **Polarität** erkennen. Wie genau diese definiert ist, soll uns aber nicht beschäftigen. Wichtig ist vor allem, dass der Aufbau der Filamente am Pluspol und der Abbau am Minuspol stattfindet.

Als wichtige Aufgabe solltet ihr im Hinblick auf die Aktinfilamente auf jeden Fall die Bedeutung für die **Zellmotilität** nennen können, auf die wir noch zu sprechen kommen werden.

1.5.4 Sonderfunktionen der Zytoskelett-Elemente

Unsere Zytoskelett-Elemente müssen manchmal besondere Aufgaben erfüllen. Um den dabei auftretenden Anforderungen, etwa an ihre Stabilität, gewachsen zu sein, ist es möglich, dass sich die Filamente anders zusammenlagern, als wir es bisher gelernt haben. Ihre Grundstruktur bleibt dabei trotz allem selbstverständlich erhalten.

Zilien:

Zilien sind Ausstülpungen der Zellmembran, die verschiedene Funktionen ausüben können. Entweder dienen sie als Sensoren (denkt an lange Antennen) oder können aktiv bewegt werden (denkt an Ruder). Die Grundstruktur der Zilien bilden dabei **Mikrotubuli.** Wir hatten in ➤ Kapitel 1.5.1 bereits den Aufbau einer Mikrotubulus-Singulette kennengelernt. Wenn sich Mikrotubuli aber zum Aufbau einer Zilie organisieren, bilden sie Doppelröhren, sogenannte **Dupletten** (➤ Abb. 1.16). Man bezeichnet die zwei Röhren als A- und B-Tubulus. Da der B-Tubulus einen Teil der Wand des A-Tubulus quasi mitbenutzen kann, besteht er nur aus zehn Protofilamenten. Neun solcher Mikrotubulus-Dupletten ordnen sich nun kreisförmig an, um eine Zilie zu bilden. Man spricht deshalb von einer **9 × 2-Struktur.** Und in der Mitte?

- Sekundäre Zilien:
  Sekundäre Zilien besitzen in der Mitte zusätzlich zwei parallel verlaufende Mikrotubuli **(9 × 2 + 2-Struktur)** (➤ Abb. 1.17). Sie sind in der Regel **aktiv beweglich** und werden auch **Kinozilien** genannt. Die Zelle kann z. B. durch den Schlag des Ziliums Sekret weiterbefördern, das außen auf der Zellmembran aufliegt, was unter anderem für die Reinigung unserer Atemwege essenziell ist (man spricht dort auch von Flimmerhärchen). Um die Beweglichkeit zu gewährleisten, bestehen Kinozilien aber nicht nur aus Mikrotubuli: Weitere Proteine sorgen für Stabilität und Bewegung. Das Protein **Nexin** verbindet z. B. die Dupletten, während **Dynein** für die Bewegung der Kinozilien ausschlaggebend ist. Fehlen diese Proteine, sind die Zilien nicht aktiv beweglich. So gibt es etwa in den Riechzellen 9 × 2 + 2 Zilien, die keine Eigenbewegung zeigen.

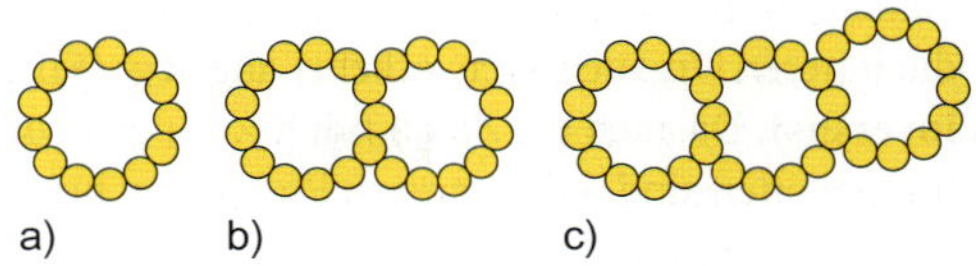

Abb. 1.16 a) Mikrotubulus-Singulette (13 Protofilamente)
b) Duplette (13 + 10 Protofilamente)
c) Triplette (13 + 10 + 10 Protofilamente) [L253]

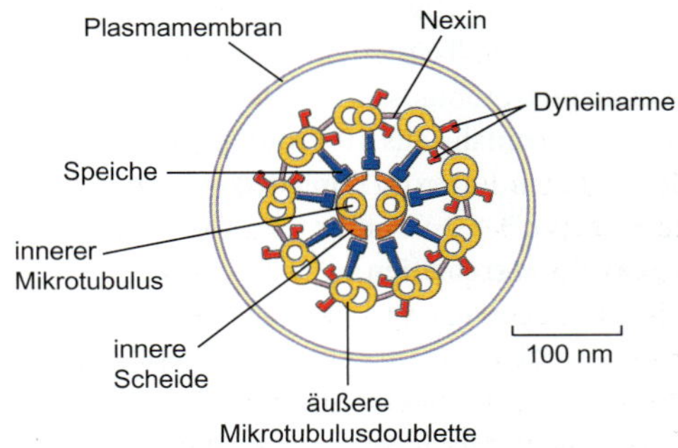

Abb. 1.17 Querschnitt einer 9 × 2 + 2 Zilie [L253]

LERNTIPP

Nexin con**NEC**ts, **DYN**ein sorgt für **DYN**amik!

- Primäre Zilien:
  Bei primären Zilien finden sich keine Mikrotubuli in der Mitte des Ziliums **(9 × 2 + 0).** In der Regel zeigen sie keine Beweglichkeit und fungieren als Sensoren. Eine Ausnahme stellen die nodalen Zilien dar, die während der Embryonalentwicklung trotz ihrer 9 × 2 + 0-Struktur, beweglich sind.
  Beim **Kartagener-Syndrom** ist die aktive Beweg-

lichkeit dieser Zilien gestört. In der Folge werden die inneren Organe seitenverkehrt angelegt **(Situs inversus).** Da auch die Zilien mit 9 × 2 + 2-Struktur betroffen sind, kommt es zu Problemen bei der Clearance der Atemwege und auch die Beweglichkeit der Spermien ist eingeschränkt.

Die Zilien müssen natürlich auch verankert werden. Dies geschieht an den **Basalkörperchen (Kinetosomen),** die direkt unter der Membran sitzen. Auch dort finden sich Mikrotubuli, allerdings keine Dupletten, sondern **Tripletten.** Bei Tripletten besteht der erste Mikrotubulus aus 13, der zweite aus 10 und der dritte ebenfalls aus 10 Protofilamenten. Im Basalkörperchen liegen 9 Tripletten vor, man spricht von einer 9 × 3 + 0-Struktur (➤ Abb. 1.16).

Stereovilli (Stereozilien):

Stereovilli werden zwar auch Stereozilien genannt, aber wir werden uns auf den ersten Begriff beschränken, um sie nicht mit den Kinozilien zu verwechseln, die sich in ihrem Aufbau deutlich unterscheiden. Stereovilli bestehen nämlich aus **Aktinfilamenten** und nicht aus Mikrotubuli und benötigen folglich auch kein Basalkörperchen zur Organisation.

Stereovilli fungieren entweder als Sensoren oder sind als Möglichkeiten zur Oberflächenvergrößerung an der Aufnahme und Abgabe von Stoffen beteiligt.

Amöboide Bewegung:

Wie ihr sicherlich wisst, können sich bestimmte Zellen in unserem Körper, wie etwa die **Makrophagen,** aktiv bewegen und durch das Gewebe wandern. Ihr solltet wissen, dass die Bewegung durch die **Interaktion zwischen Aktin- und Myosinfilamenten** zustande kommt, und dass die Ausstülpungen, die die Zelle dabei bildet, **Pseudopodien** heißen. Bewegen sich Zellen „angelockt" von bestimmten Signalmolekülen, spricht man von **Chemotaxis.**

Mitosespindel:

Mikrotubuli sind auch für die Zellteilung essenziell: Bevor sich eine Zelle teilen kann, müssen die Chromosomen zu gegenüberliegenden Zellpolen gezogen werden, damit sichergestellt ist, dass beide Tochterzellen die nötige Erbinformation erhalten.

Dieser Prozess wird durch den **Spindelapparat** möglich, der an die Chromosomen bindet. Der Spindelapparat besteht aus Mikrotubuli, und damit die auch wirklich an den Chromosomen ziehen können, müssen sie irgendwo verankert sein. Hierfür gibt es die zylinderförmigen Zentriolen. Diese sind zudem von der sogenannten **perizentriolaren Matrix** umgeben. Dabei handelt es sich um verschiedene Proteine, die die Zentriolen in ihren Funktionen unterstützen. Zentriolen und perizentriolare Matrix werden als **Zentrosom** zusammengefasst.

! ACHTUNG!

Aufpassen bei den Begriffen mit Z: Zentriolen, Zentrosom etc. – Es werden noch mehr!

Übrigens: Die Zentriolen bestehen selbst auch aus Mikrotubuli, die eine **9 × 3-Struktur** zeigen. Woher kennen wir die? Von den Basalkörperchen der Kinozilien! Auch hier werden Mikrotubuli verankert bzw. organisiert. Man bezeichnet deswegen sowohl Basalkörperchen als auch Zentriolen als **Microtubule Organizing Center (MTOC).**

1.5.5 Verteilung der Zytoskelett-Elemente

Da unsere Zytoskelett-Elemente so viele verschiedene Aufgaben übernehmen, sollte klar sein, dass sie in einigen Bereichen des Zytoplasmas verstärkt und in anderen Bereichen vermindert vorkommen. Ihr solltet die Verteilungsmuster der verschiedenen Zytoskelett-Elemente erkennen können (➤ Abb. 1.18).

Mikrotubuli:

Wir haben gelernt, dass Mikrotubuli in den Zentriolen verankert sind. Da somit die Mikrotubuli einer Zelle zu den Zentriolen (die oftmals in der Nähe des Kerns sitzen) konvergieren, ergibt sich ein charakteristisches sternförmiges Muster.

Aktinfilamente:

Da die Aktinfilamente an der amöboiden Zellbewegung beteiligt sind und Stereovilli bilden, werden sie vor allem in der Nähe der Zellmembran (also in der Peripherie der Zelle) benötigt. Dabei sind sie, zusammen mit anderen Proteinen wie Spectrin und Myosin, an der Bildung des sogenannten **Terminal Web** beteiligt.

Intermediärfilamente:

Die Intermediärfilamente sind relativ gleichmäßig über die Zelle verteilt. In einigen Lehrbüchern wird auch auf eine höhere Dichte in der Nähe des Kerns verwiesen. Von den Mikrotubuli solltet ihr sie durch die fehlende sternförmige Anordnung trotzdem gut unterscheiden können.

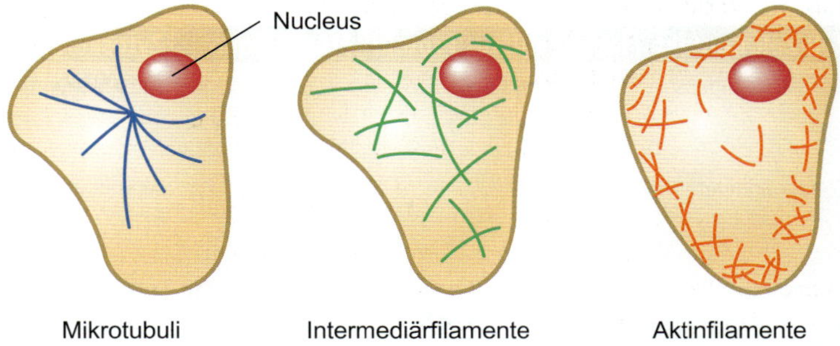

Abb. 1.18 Verteilung der Mikrotubuli, Intermediär- und Aktinfilamente [L253]

1.6 Zellkontakte

Nun haben wir schon einiges zum Aufbau unserer Zellen gelernt. Wir Menschen sind allerdings noch mit einem Problem konfrontiert, mit dem sich einzellige Organismen nicht befassen müssen: Im menschlichen Körper organisieren sich viele Zellen zu Geweben, die unterschiedliche Anforderungen bewältigen müssen. So müssen z. B. die Zellen unserer Haut enormen mechanischen Belastungen widerstehen, während die Zellen des Darms zwar auch eine gewisse Barrierefunktion übernehmen, aber vor allem für die Aufnahme von Nährstoffen und Wasser zuständig sind.

Damit eine Zelle einen festen Platz einnehmen kann, muss sie entweder an ihrer Nachbarzelle befestigt sein oder eine Verbindung zur extrazellulären Matrix ausbilden. Diese Verbindung wird über Proteinkomplexe, die Zellkontakte genannt werden, vermittelt. Das gesamte Aufgabenspektrum der Zellkontakte ist allerdings wesentlich vielfältiger. Man unterscheidet Zellkontakte, die zwei Zellen verbinden (Zell-Zell-Kontakte), und Zellkontakte, die eine Zelle in die extrazelluläre Matrix einbauen (Zell-Matrix-Kontakte).

FÜR AHNUNGSLOSE

Was ist die extrazelluläre Matrix? Unsere Gewebe bestehen oftmals nicht vollständig aus Zellen. Beispielsweise finden sich im Bindegewebe zwar Zellen, diese produzieren allerdings eine Vielzahl von Fasern, die sie aus der Zelle ausschleusen. Folglich entsteht zwischen den Zellen ein mit Fasern gefüllter Raum, sodass die Zellen nicht unmittelbar aneinanderliegen. Den Raum selbst bezeichnet man als Interzellularraum, die Gesamtheit der Stoffe darin nennt man extrazelluläre Matrix.

1.6.1 Zell-Zell-Kontakte

Zell-Zell-Kontakte sind vor allem **in Epithelien** von Bedeutung. Epithelien sind Gewebe, die sich vor allem an Grenzflächen unseres Körpers finden. Sie zeichnen sich dadurch aus, dass die Zellen sehr dicht aneinandersitzen. Es existiert also quasi keine extrazelluläre Matrix.

Gerade im Hinblick aufs Physikum sollte man sich bei jedem Zell-Zell-Kontakt fragen:

- Wie heißen die Proteine die zwischen den Zellen **im Interzellularspalt** liegen?
- Wie heißen die Proteine, die die **Haftplaque** bilden, also den Zellkontakt in den jeweiligen Zellmembranen verankern?
- Welche **Zytoskelett-Elemente** strahlen aus den Zellen in den Zellkontakt ein, um die Verbindung weiter zu stabilisieren?
- Was ist die genaue **Funktion** des Zellkontakts?

Die wichtigsten Fakten zu den Zellkontakten findet ihr in ➤ Tab. 1.2, die ihr auf jeden Fall kennen solltet.

Zonula adherens:

Um ein Epithel zu bilden, müssen unsere Zellen erstmal so aneinander befestigt werden, dass sie eventuell auftretenden Zugkräften widerstehen können. Der dafür zuständige Zellkontakt, der bandförmig die Zellen verbindet, heißt Zonula adherens (➤ Abb. 1.19).

Als interzelluläre Verbindungsproteine fungieren bei Zonulae adherentes die **Ca**dherine. Diese vermitteln die Verbindung zwischen den Zellen über **Ca**lcium-Ionen. Es gibt in jedem Gewebe verschiedene Isotypen von Cadherinen, von denen man gehört haben sollte:

- E-Cadherin (epithelial)
- N-Cadherin (neuronal)

1

Tab. 1.2 Wichtige Bestandteile der Zell-Zell-Kontakte

Zell-Zell-Kontakt	Interzelluläres Protein	Haftplaque	Zytoskelett-Element	Funktion
Zonula occludens	• Occludin • Claudin	• Zonula occludens 1,2,3 • Cingulin	Aktinfilamente	• Parazellulärer Verschluss • Zellpolarität
Zonula adherens	Cadherine	• Catenin • Vinculin • α-Aktinin	Aktinfilamente	Mechanische Stabilität
Desmosom	• Desmoglein (Cadherin) • Desmocollin (Cadherin)	• Desmoplakin • Plakoglobin	Intermediärfilamente	Mechanische Stabilität (Druckknopf)
Gap Junction	Connexine			• Elektrische Kopplung • Metabolische Kopplung • Chemische Kopplung

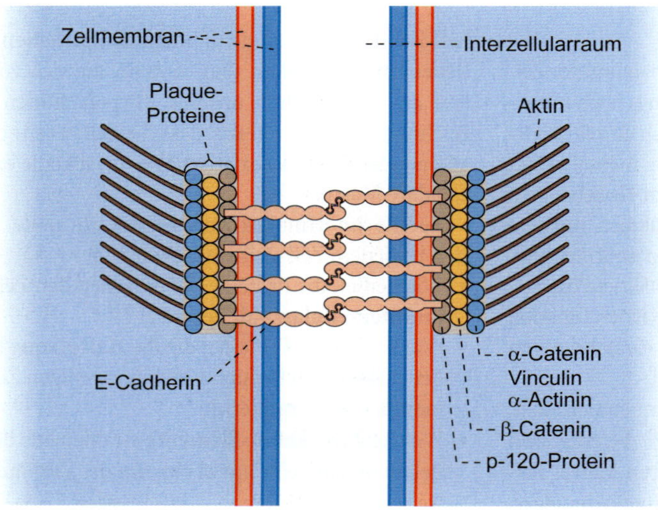

Abb. 1.19 Zonula adherens [L141]

- P-Cadherin (plazentar)
- VE-Cadherin (vaskulär-endothelial)

Auch beim Aufbau der Desmosomen sind Cadherine beteiligt.

Desmosom (Macula adherens):
Für noch mehr mechanische Stabilität (besonders bei Scherkräften) gibt es sogenannte Desmosomen (Maculae adherentes). Da diese im Gegensatz zu den Zonulae adherentes **punktförmig** sind, vergleicht man sie oft mit Druckknöpfen (Abb. 1.20).

Eine Erkrankungen, die man im Zusammenhang mit Desmosomen kennen sollte, heißt **Pemphigus vulgaris.** Dabei bildet der Körper Antikörper gegen Desmogleine, die Desmosomen halten nicht mehr und es kommt zur Blasenbildung.

MERKE

In alle Zellkontakte mit „**Desmo**" strahlen **Intermediärfilamente** und keine Aktinfilamente ein!

Tight Junction (Zonula occludens):
Wir haben mittlerweile zwei Arten von Zellkontakten kennengelernt, die sicherstellen, dass unser Epithel stabil ist. Nun ist es aber manchmal erforderlich, dass die Zellen nicht nur zusammenhalten, sondern auch so dicht verbunden sind, dass keine Stoffe zwischen ihnen hindurch diffundieren können. Für diese Barrierefunktion sind Tight Junctions zuständig. Sie halten zwar nicht so große Belastungen aus wie etwa Desmosomen, können aber dafür den Interzellularspalt völlig verschließen. Deshalb

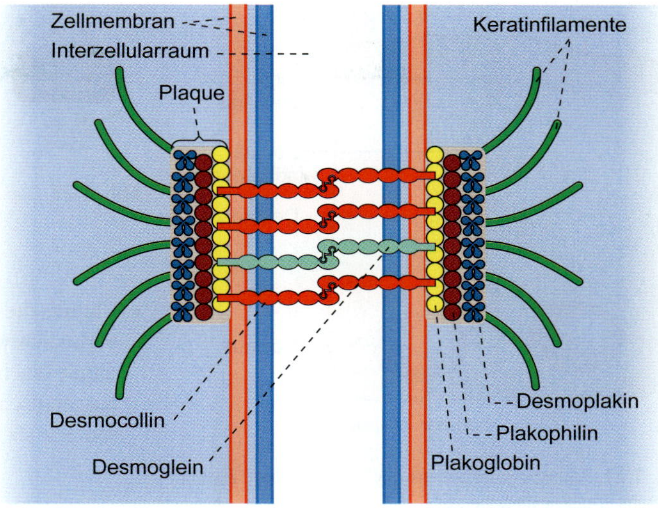

Abb. 1.20 Desmosom [L141]

finden sich in Geweben, die wirklich dicht halten sollen (wie etwa im Epithel der Harnblase), auch mehr Tight Junctions als in Geweben, in denen das Durchlassen von Stoffen toleriert werden kann bzw. sogar erwünscht ist (Darm). Auch am Aufbau der ebenfalls sehr dichten Blut-Hirn-Schranke sind Tight Junctions beteiligt.

FÜR DIE KLAUSUR

Es gibt zwei Möglichkeiten, wie Stoffe ein Epithel überwinden können. Entweder durch den Interzellularspalt an den Zellen vorbei (man spricht von **parazellulär)** oder über Kanäle bzw. im Fall von lipophilen Stoffen über die Membran durch die Zellen hindurch **(transzellulär).** Die Anzahl und Dichte der Tight Junctions wirkt sich nur auf den parazellulären Transport aus. Der transzelluläre Transport wird dagegen vor allem von der Ausstattung der Zellen mit Transportern beeinflusst.

Eine weitere Aufgabe der Tight Junctions ist die Herstellung der **Zellpolarität.** Die Zellen im Epithel des Darms besitzen in dem Teil, der dem Darmlumen zugewandt ist **(apikal)** andere Transporter als auf der dem übrigen Gewebe zugewandten Seite **(basolateral).** Man kann folglich zwei Pole der Zelle unterscheiden. Nach dem Fluid-Mosaic-Modell schwimmen aber die Membranproteine zwischen den Phospholipiden, sodass sie sich mit der Zeit aufgrund von lateraler Diffusion über die gesamte Zelle verteilen würden. Damit nun aber am apikalen Zellpol andere Transporter vorkommen als am basolateralen Pol, stellen die Tight Junctions eine Barriere in der Membran dar und gewährleisten so die „Ungleichverteilung" von Membranproteinen. Die Membranproteine bleiben zumindest annähernd dort, wo die Zelle sie eingebaut hat.

Schlussleistenkomplex:

In vielen Epithelien finden sich die Zellkontakte in einer ganz bestimmten Anordnung: Von apikal kommend, trifft man zunächst auf die Tight Junctions, dann kommen die Zonulae adherentes und den Abschluss bilden die Desmosomen. Diesen sogenannten **Schlussleistenkomplex** kann man im Lichtmikroskop an der Grenze zwischen zwei Zellen als schwarzen Punkt erkennen (➤ Abb. 1.21). Er wird allerdings nicht durch Plaqueproteine verursacht, sondern entsteht durch die große Zahl von Zytoskelett-Elementen, die den Zellkontakt verankern.

LERNTIPP

Zonula **o**ccludens, **Z**onula **a**dherens und **M**acula adherens halten das Epithel ZoZaMen.

Gap Junction (Nexus):

Wenn manche Zellen schon direkt aneinandergrenzen, wäre es doch praktisch, wenn diese auch direkt bestimmte Stoffe austauschen könnten, ohne den

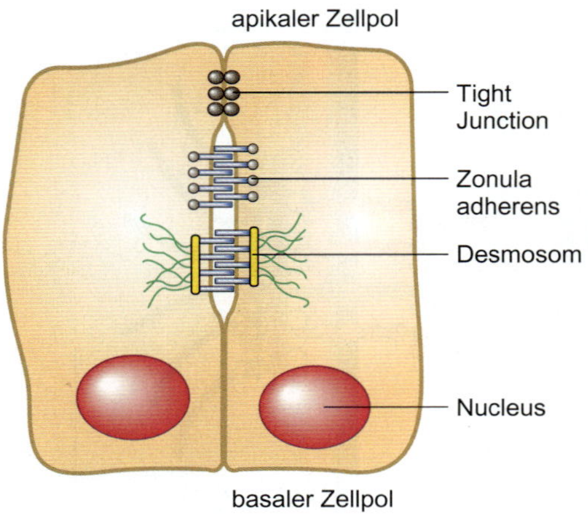

Abb. 1.21 Schlussleistenkomplex aus Tight Junction, Zonula adherens und Macula adherens [L253]

Umweg über Exo- und Endozytose gehen zu müssen. Genau diesen einfachen Stoffaustausch ermöglichen **Gap Junctions.** Diese Zellkontakte können in fast jedem Gewebe vorkommen, man spricht von **ubiquitärer Verbreitung.**

Gap Junctions bestehen aus Proteinen, die **Connexine** genannt werden. Sechs Connexine bilden eine Pore, die **Connexon** genannt wird. Zwei benachbarte Zellen stellen nun je ein Connexon und beide Connexone zusammen bilden eine Gap Junction, die folglich aus zwölf Connexinen besteht.

! ACHTUNG!

Achtet bei Fragen zur Anzahl der Connexine darauf, ob nach Nexus (12) oder Connexon (6) gefragt wird.

Eine Gap Junction kann dabei nur von kleineren Molekülen passiert werden, wohingegen große Proteine von dieser Transportform ausgeschlossen sind (➤ Abb. 1.22).

Die Hauptaufgaben von Gap Junctions sind:

- **Elektrische Kopplung:** Da Ionen (also geladene Teilchen) über Gap Junctions in benachbarte Zellen gelangen können, wird auf diese Weise auch die Weiterleitung elektrischer Impulse (etwa im Nervensystem oder im Myokard) ermöglicht.
- **Metabolische Kopplung:** Der Austausch von Nährstoffen, wie etwa Glucose, wird ebenfalls durch Gap Junctions ermöglicht.

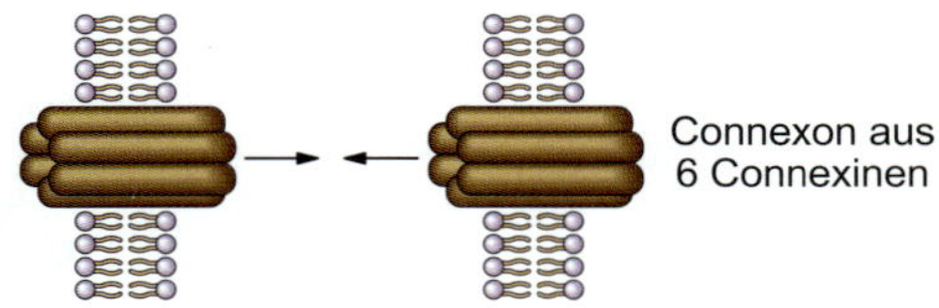

Abb. 1.22 Gap Junction [L253]

- **Chemische Kommunikation:** Gerade in der Embryonalentwicklung sind Gap Junctions wichtig, damit Wachstumsfaktoren zwischen den Zellen ausgetauscht werden können, sodass diese wissen, wie sie sich entwickeln müssen.

1.6.2 Zell-Matrix-Kontakte

Zell-Matrix-Kontakte werden euch in der Histologie vor allem begegnen, weil sie Epithelien im darunterliegenden Bindegewebe verankern.

Hemidesmosomen:

Hemidesmosomen bestehen aus einer Haftplaque, in die die Intermediärfilamente der Zellen einstrahlen (➤ Abb. 1.23). Die eigentliche Verbindung zur Matrix wird über **Integrine** hergestellt. Diese binden Proteine wie Fibronectin, die an die Kollagenfasern binden können, welche ein wesentlicher Bestandteil der extrazellulären Matrix sind. Auch die Laminine der Basallamina können von Integrinen gebunden werden.

Sowohl die Integrine als auch Fibronectin bestehen aus zwei Untereinheiten (Dimere). Aufgrund dieser Untereinheiten kann man Integrine weiter unterteilen. Es sollt aber reichen, zu wissen, dass das **α6β4-Integrin** für die Hemidesmosomen wichtig ist.

Auch bei den Hemidesmosomen gibt es eine Erkrankung, die ihr kennen solltet:

Bullöses Pemphigoid entsteht, wenn der Körper Antikörper gegen Bestandteile von Hemidesmosomen bildet. Auch hier ist das wichtigste Symptom die verminderte mechanische Stabilität der Haut.

Fokale Kontakte:

Fokale Kontakte ähneln den Hemidesmosomen, binden allerdings intrazellulär an die **Aktinfilamente** der Zellen.

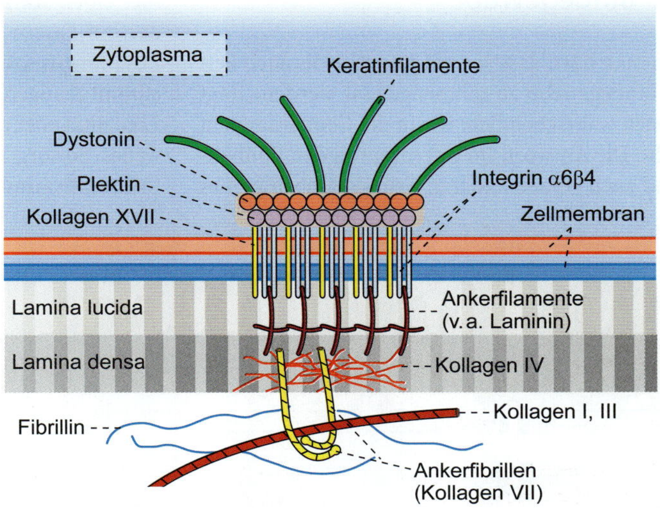

Abb. 1.23 Hemidesmosom [L141]

Grundsätzlich sind fokale Kontakte auch dynamischer als Hemidesmosomen, werden also öfter gelöst und neu gebildet.

1.7 Gewebetypen

Zu Beginn des letzten Kapitels haben wir gelernt, dass sich die Zellen des menschlichen Körpers zu Geweben organisieren und bereits das **Epithel** als einen Gewebetyp kennengelernt.

Neben den Epithelien gibt es noch das **Bindegewebe,** das **Muskelgewebe** sowie das **Nervengewebe.** Die Unterscheidung in diese vier Gewebetypen existiert schon ziemlich lange, sodass sie mit der Zeit etwas aufgeweicht wurde, da es an einigen Stellen Überschneidungen gibt. Da diese Klassifikation jedoch nach wie vor bedeutsam ist und sie sich auch sehr gut zur Prüfungsvorbereitung eignet, wollen wir in diesem Kapitel zumindest in Ansätzen auf die Eigenschaften der einzelnen Gewebetypen eingehen. Weil dieses Thema aber eigentlich eher zur Histologie gehört, beschränken wir uns hier auf die wichtigsten Fakten.

1.7.1 Epithelien

Epithelien finden sich an den Grenzflächen unseres Körpers, sodass sie häufig an irgendeiner Form der Barriere beteiligt sind, was sich auch an ihrem Aufbau erkennen lässt.

Die wichtigsten Fakten kennen wir bereits: Die Zellen sitzen sehr dicht aneinander, sodass fast kein Extrazellularraum existiert. Außerdem sind die Zellen polar (denkt an die Zonulae occludentes) und sitzen einer Basalmembran auf (➤ Abb. 1.24).

Eine grobe Unterteilung der Epithelien ist die in Oberflächenepithelien und Drüsenepithelien:

- **Oberflächenepithelien** überziehen alle inneren und äußeren Oberflächen unseres Körpers. Egal ob Aorta, Harnblase oder mikroskopisch kleiner Gallengang – überall muss verhindert werden, dass die Flüssigkeit aus diesen Strukturen ins umliegende Gewebe diffundiert und das schafft nur ein Epithel.
- **Drüsenepithelien** betreiben dagegen vor allem Sekretion.

FÜR AHNUNGSLOSE

Gibt es auch Oberflächenepithelien, die Sekretion betreiben? Ja! Und gibt es Drüsenepithelien, die als Barriere fungieren? Ja! Ihr könnt euch schon denken: Wenn man sich mit diesem Thema im Detail befasst, werden die Klassifikationen sehr schnell sehr komplex.

1.7.2 Bindegewebe

Wenn man hört, dass sowohl Knochen als auch Fett zum Bindegewebe zusammengefasst werden, fragt man sich wahrscheinlich, worin die Gemeinsamkeit besteht. Die Antwort: Im Gegensatz zu den Epithelien und auch zu den anderen Grundgeweben gibt es hier einen **stark ausgeprägten Extrazellularraum,** der mit Fasern und gelösten Stoffen gefüllt ist. Die Zusammensetzung der extrazellulären Matrix bestimmt maßgeblich die Eigenschaften – wie z. B. die Elastizität oder die Zugfestigkeit – des jeweiligen Gewebes. So sorgt etwa die Einlagerung von Kristallen **(Mineralisation)** für die Härte unserer Knochen.

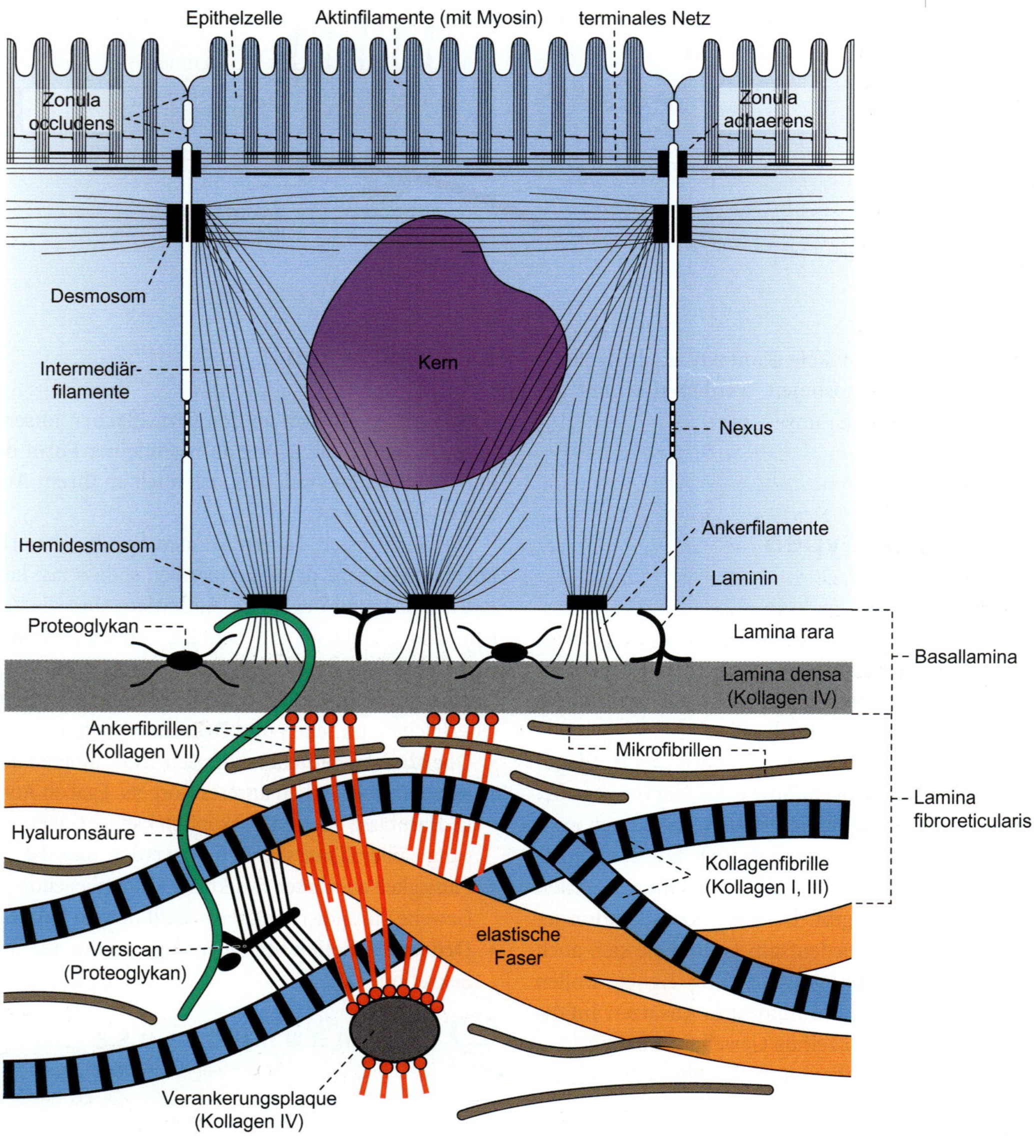

Abb. 1.24 Epithel mit Epithelzellen und subepithelialem Bindegewebe. Die Details dieser Abbildung werden euch in der Histologie noch genauer beschäftigen. Beachtet das **Schlussleistennetz** [L107]

1.7.3 Muskelgewebe

Wir haben bereits das Gewebe kennengelernt, das unseren Körper „dicht hält". Wir wissen auch, was unseren Körper formt und ihm eine gewisse Struktur verleiht, aber nun braucht es noch etwas, um uns aufrechtes Stehen und die Fähigkeit zur Bewegung zu ermöglichen.

Hier kommt das Muskelgewebe ins Spiel: Man unterscheidet prinzipiell **glatte Muskulatur** von **quergestreifter Muskulatur,** wobei man letztere noch in **Skelett- und Herzmuskulatur** unterteilen kann.

Unabhängig von der genauen Klassifikation zeichnet sich die Muskulatur vor allem durch ihre Fähigkeit zur aktiven Verkürzung (Kontraktion) aus, die auf eine **Interaktion zwischen Myosin- und Aktinfilamenten** zurückzuführen ist (➢ Abb. 1.25).

1.7.4 Nervengewebe

Zu guter Letzt müssen unsere Gewebe noch irgendwie gesteuert werden. Diese Steuerung geht von Nervenzellen **(Neurone)** aus (➢ Abb. 1.26), die sich über sogenannte **Synapsen** verbinden und auf diese Weise hochkomplexe Netzwerke bilden. Neurone können elektrisch erregt werden und nutzen chemische oder physikalische Reize, um diese Erregung (und damit auch eine Information) von einer Nervenzelle zur nächsten zu transportieren.

Nervengewebe besteht aber nicht nur aus Neuronen, sondern auch aus Stützzellen, den sogenannten **Gliazellen,** die sogar wesentlich häufiger sind. Man sollte allerdings nicht den Fehler machen die Funkti-

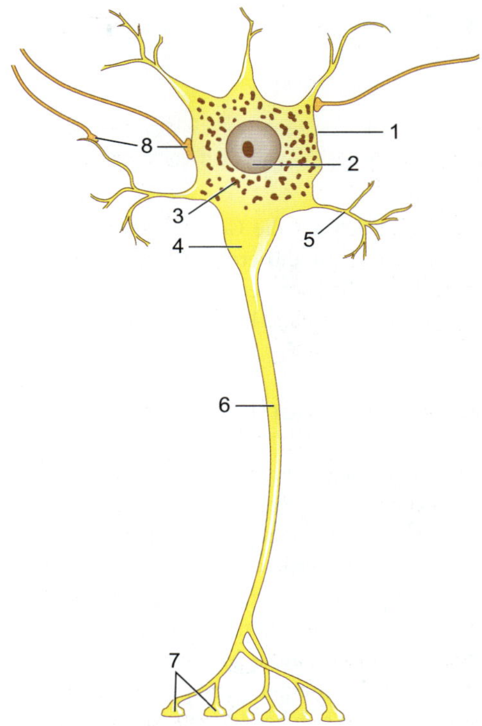

Abb. 1.26 Schema eines Neurons [L126]

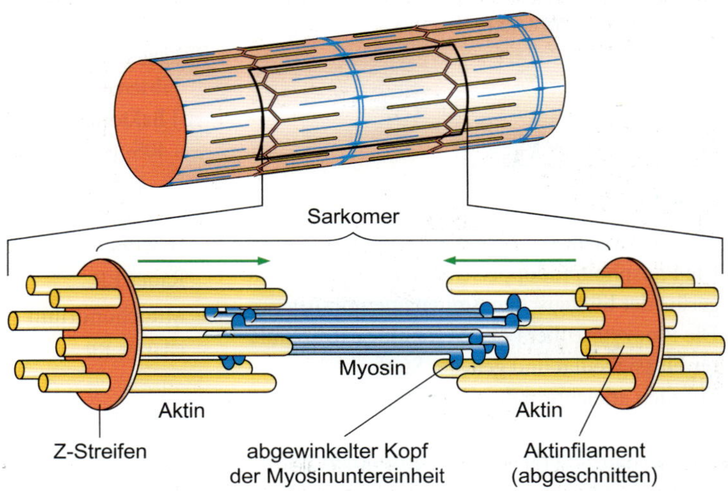

Abb. 1.25 Das Sarkomer ist der Grundbaustein der quergestreiften Muskulatur [L253]

Tab. 1.3 Wichtige Intermediärfilamente und Vorkommen

Intermediärfilament	Vorkommen
Zytokeratinfilamente	Epithelien
Vimentinfilamente	Bindegewebe
Desminfilamente	Muskelgewebe
Glia-Filamente (Glial Fibrillary Acidic Protein – GFAP)	vor allem Astrozyten
Neurofilamente	Neurone
Laminfilamente	Kernlamina aller Zellen

on der Gliazellen auf die Gewährleistung mechanischer Stabilität zu reduzieren, denn sie sind für die reibungslose Arbeit der Neurone aufgrund einer Vielzahl von Fähigkeiten und Funktionen unerlässlich.

1.7.5 Intermediärfilamente

Nanu, schon wieder Intermediärfilamente? Ja, denn verschiedene Gewebetypen besitzen unterschiedliche Intermediärfilamente. Diesen Umstand macht man sich in der **Tumordiagnostik** zunutze: Findet sich z. B. im Bindegewebe ein Tumor, der ein Intermediärfilemtent exprimiert, das typisch für Epithelgewebe ist, muss man sich fragen, ob der Tumor auch woanders (in einem Epithel) entstanden sein könnte, sodass es sich bei der untersuchten Gewebeprobe um eine Metastase handelt. Da sich die Zuordnung der Intermediärfilamente zu einem Gewebetyp auch wunderbar abfragen lässt, ist die Prüfungsrelevanz entsprechend hoch.

1.8 Übungen

1. Welche Aussage trifft nicht zu?

a) Die Phospholipiddoppelschicht bildet das Grundgerüst der biologischen Einheitsmembran.
b) Die Pinozytose dient der Aufnahme extrazellulärer Flüssigkeiten und gelöster Stoffe.
c) Mizellen erleichtern den Transport hydrophiler Stoffe in wässriger Lösung.
d) Die Natrium-Kalium-ATPase transportiert Natrium aus der Zelle heraus und Kalium in die Zelle hinein.

2. Vervollständige die Tabelle.

Tab. zu Frage 2 Endozytosemechanismen

Mechanismus	Funktion
Phagozytose	
	u. a. Signaltransduktion
	Aufnahme gelöster Stoffe

3. Fülle die Lücken aus.

- Das Protein, das es Phospholipiden ermöglicht, zwischen den Blättern der Zellmembran hin und her zu wechseln heißt ________________.
- Lipophile Substanzen können die Zellmembran entlang eines Konzentrationsgradienten via ______________ überwinden.
- Da Phospholipide sowohl über polare als auch über apolare Strukturen verfügen, bezeichnet man sie als ______________.
- Das Protein, mit dem Proteine, die im Proteasom abgebaut werden sollen, markiert werden, heißt ______________.
- Dynein vermittelt den _____________Transport entlang des Axons.
- ________________ und ______________ werden als quergestreifte Muskulatur zusammengefasst.

4. Welche Aussage trifft zu?

a) Im Inneren des Lysosoms ist der pH in der Regel < 7.
b) Einer der wichtigsten Stoffwechselwege des Mitochondriums ist die Glykolyse.
c) Die Endosymbiontentheorie besagt, dass Mitochondrien ehemals eigenständige Eukaryonten waren.
d) Bakterielle 70S-Ribsomen bestehen aus einer 40S- und einer 60S-Untereinheit.

5. Ordne zu.

Organellen und Funktionen

Raues ER	β-Oxidation der Fettsäuren
Mitochondrium	Cacliumspeicher
Glattes ER	Abbau langkettiger Fettsäuren
Golgi-Apparat	O-Glykosylierung
Peroxisomen	N-Glykosylierung

Tab. zu Frage 9 Zell-Zell-Kontakte

Zell-Zell-Kontakt	Interzelluläres Protein	Haftplaque	Zytoskelett-Element	Funktion

6. Welche Aussage trifft zu?
a) Vincristin hemmt die Polymerisation der Mikrofilamente.
b) Eine Mikrotubulusduplette besteht aus insgesamt 23 Protofilamenten.
c) Stereovilli bestehen aus Intermediärfilamenten.
d) Der Epidermolysis bullosa simplex liegt ein Defekt der Aktinfilamente zugrunde.

Die Lösungen findet ihr in ➤ Tabelle 1.2

7. Welche Aussage trifft nicht zu?
a) Tight Junctions gewährleisten in Epithelien die Zellpolarität.
b) Intermediärfilamente sind am Aufbau von Desmosomen beteiligt.
c) Ein Connexon besteht aus zwölf Connexinen.
d) Die metabolische Kopplung von Zellen wird durch Gap Junctions ermöglicht.

8. Exprimiert ein Tumor das Intermediärfilament Desmin, stammt er höchstwahrscheinlich aus:
a) Bindegewebe
b) Nervengewebe
c) Epithel
d) Muskelgewebe

9. Diese Tabelle kennt ihr bereits … jetzt müsst ihr sie allerdings selbst vervollständigen!

KAPITEL

2 Transkription und Translation – Das Tagesgeschäft der Zelle

Bevor wir uns voll auf Transkription und Translation stürzen, müssen wir uns erst etwas mit dem großen Thema DNA an sich befassen. Wir beginnen mit einem Nachtrag zu dem Organell, in dem sich ein Großteil unserer Erbinformation befindet.

2.1 Zellkern (Nucleus)

Da die Erbinformation quasi die Bauanleitung für alle anderen Organellen und Enzyme darstellt, genießt sie besonderen Schutz. Sie schwimmt folglich nicht frei im Zytoplasma (zumindest bei Eukaryonten), sondern befindet sich im **Nucleus.** Der Nucleus selbst besteht aus einer **Doppelmembran** (also zwei Phospholipiddoppelschichten), die das sogenannte **Karyoplasma** umschließt. Im Karyoplasma findet sich unsere Erbinformation in Form der **Chromosomen.** Die Substanz, aus der die Chromosomen bestehen, wird Chromatin genannt. **Chromatin** ist der Sammelbegriff für die DNA und die Proteine, die mit ihr assoziiert sind. Die äußere Doppelmembran geht nahtlos ins endoplasmatische Retikulum über (➤ Abb. 2.1). Der inneren Membran liegt von innen die **Kernlamina** an. Diese

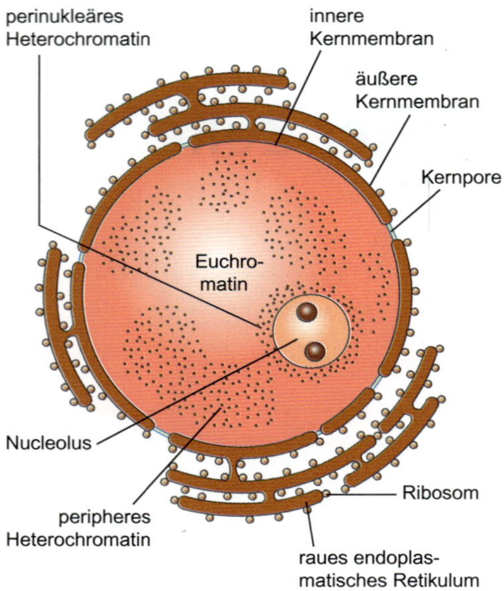

Abb. 2.1 Zellkern und endoplasmatisches Retikulum [L253]

besteht vorwiegend aus verschiedenen Intermediärfilamenten, die **Lamine** genannt werden. Defekte in den Genen für diese Lamine können verschiedenste Auswirkungen haben. Am prominentesten ist wahrscheinlich das **Hutchinson-Gilford-Progerie-Syndrom,** bei dem die betroffenen Patienten rapide „altern" und oftmals schon im Kindesalter massive arteriosklerotische Gefäßveränderungen zeigen.

Natürlich muss es auch die Möglichkeit geben, dass Stoffe vom Zytoplasma in den Kern gelangen und umgekehrt. Dafür gibt es einerseits Kernporen, andererseits auch Proteinkomplexe, die **Importine** genannt werden, und größere Moleküle wie etwa Histone, mit denen wir uns noch befassen werden, in den Kern zu schleusen.

! ACHTUNG!

Im Zellkern kommen zwar Proteine vor, diese werden aber, wie alle anderen auch, im Zytoplasma synthetisiert und nicht etwa im Kern. Damit sie auch tatsächlich in den Kern gelangen, enthalten diese Proteine eine kurze Aminosäurensequenz, die **Nuclear Localization Signal** genannt wird. Das NLS wird von einem Protein mit dem passenden Namen Importin gebunden und der entstehende Komplex wandert in den Kern.

2.1.1 Nucleolus

Wenn man gefärbte Zellen durchs Lichtmikroskop beobachtet, fällt einem im Zellkern eine Struktur auf, die vergleichsweise auffällig angefärbt ist. Je nach Gewebe- bzw. Zelltyp ist diese Anfärbbarkeit mehr oder weniger ausgeprägt. Die gefärbte Struktur wird **Kernkörperchen** oder **Nucleolus** genannt. Auch wenn es vielleicht so aussieht, ist der Nucleolus nicht klar vom restlichen Kern abgegrenzt. Er wird von Abschnitten der Chromosomen gebildet, die **Nucleolus Organizer Regions (NOR)** heißen. NORs finden sich nur auf den Chromosomen **13, 14, 15, 21** und **22** (merken!), die zu den sogenannten **akrozentrischen Chromosomen** zählen.

Was macht der Nucleolus? Ihr erinnert euch vielleicht noch, dass die Ribosomen aus Proteinen und ribosomaler RNA (rRNA) bestehen. Und genau diese rRNA wird im Nucleolus transkribiert (also von den jeweiligen DNA-Abschnitten abgelesen). Da Ribosomen zur Herstellung von Proteinen benötigt werden, finden sich in stoffwechselaktiven Zellen, die große Mengen von Proteinen herstellen, viele Ribosomen. Entsprechend ist der Bedarf an rRNA hoch, sodass es sogar mehrere Nucleoli geben kann, in denen die rRNA synthetisiert wird.

2.2 Organisation des Chromatins

Wir haben gelernt, dass unsere Erbinformation (die DNA) und die assoziierten Proteine als Chromatin bezeichnet werden.

FÜR AHNUNGSLOSE

Was bedeutet „assoziierte Proteine"? DNA assoziierte Proteine sind Proteine, die mit der DNA interagieren. Man unterteilt diese Gruppe grob in **Histone** (auf die wir noch detailliert eingehen werden) und Nicht-Histon-Proteine, wie z. B. die Enzyme, die an der Vervielfältigung der DNA beteiligt sind.

Die DNA hat eigentlich die Form eines langen Fadens. Da sie aber ziemlich lang und der Zellkern vergleichsweise klein ist, ergäbe sich ein Platzproblem. Die Lösung? Man rollt den Faden auf!

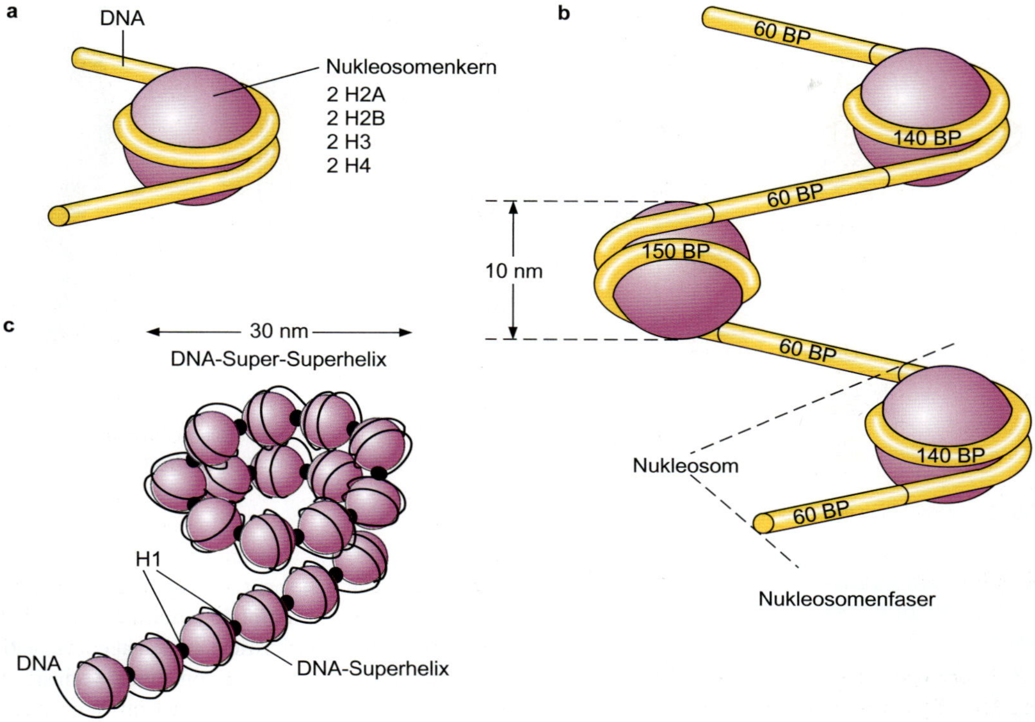

Abb. 2.2 Aufbau des Chromatins
a) Nucleosom
b) mehrere Nucleosomen und Linker-DNA
c) Nucleosomen und H1-Histone [L253]

2.2.1 Histone

Jeder der schon mal versucht hat, einen Faden aufzuwickeln, sollte wissen, dass es hilfreich ist, den Faden um einen Gegenstand herum zu wickeln. Im Zellkern stellen globuläre Proteine, die Histone genannt werden, diesen Gegenstand dar. Der DNA-Faden wickelt sich dabei rund **1 ¾-mal um ein Histon.** Die Histone liegen allerdings nicht einzeln vor. Acht Histone bilden ein **Oktamer.** Die Gruppe der Histone lässt sich noch weiter unterteilen und ihr solltet wissen, dass ein Oktamer aus je zwei Histonen vom Typ **H2a, H2b, H3 und H4** besteht. Wickelt sich nun die DNA um ein Histon-Oktamer, spricht man von einem **Nucleosom.** Was ist mit dem **Histon H1?** Histone vom Typ H1 stabilisieren die DNA zwischen den Nucleosomen, die auch als **Linker-DNA** (link = Verbindung) bezeichnet wird (➤ Abb. 2.2).

LERNTIPP

Wenn ihr euch diesen Fakt schwer merken könnt, denkt an euren Nachbarn **HEins Linker,** der seinen Gartenschlauch aufwickelt.

FÜR AHNUNGSLOSE

Warum hält die DNA eigentlich an den Histonen? Die DNA enthält ein sogenanntes Phosphatrückgrat, also ein Grundgerüst aus negativ geladenen Phosphatgruppen. Histone bestehen dagegen aus vielen **basischen Aminosäuren** (wie Lysin), die bei dem in der Zelle vorherrschenden pH positiv geladen sind, sodass es zu elektrostatischen Anziehungskräften zwischen Histonen und DNA kommt. Durch das Anhängen von funktionellen Gruppen (**Methylierung, Acetylierung** etc.) an die Histone können die Anziehungskräfte zwischen Histonen und DNA beeinflusst werden. Je stärker die Anziehungskräfte, desto schwerer wird es für Enzyme, die die DNA zur Synthese von RNA nutzen, den DNA-Strang zu binden. Histonmodifikationen

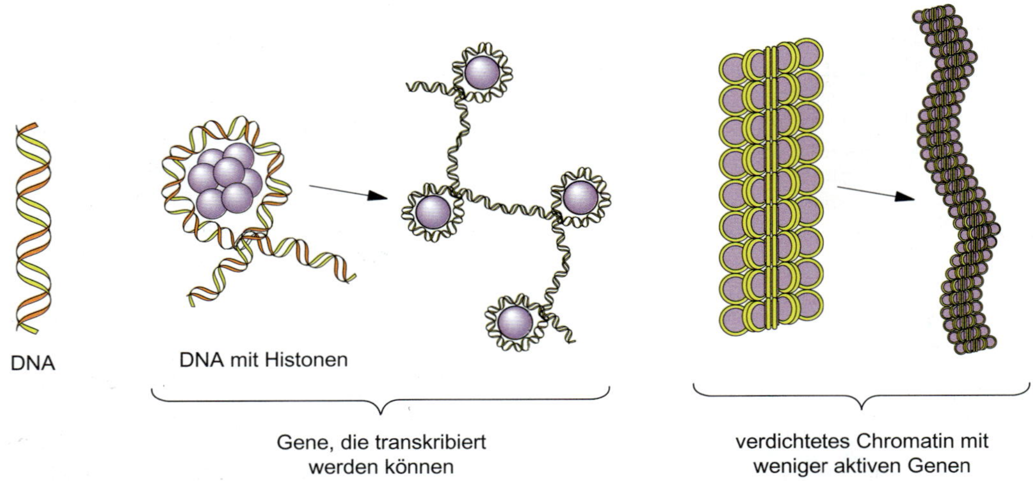

Abb. 2.3 Verdichtung des Chromatins [L253]

können folglich auf das Ausmaß der RNA- bzw. Protein-Synthese Einfluss nehmen, was im Rahmen der Epigenetik zunehmend erforscht wird.

Das aufgelockerte Chromatin wird **Euchromatin** genannt, wohingegen eng gepacktes Chromatin als **Heterochromatin** bezeichnet wird.

2.2.2 Chromosomen

Kann man die DNA noch weiter kondensieren? Man kann! Packt man mehrere Nucleosomen zusammen, spricht man vom **Solenoid** (➤ Abb. 2.3).

Kurz bevor eine Zelle sich teilt (Mitose), verdichtet sich das Chromatin noch weiter. Nun wird es sogar lichtmikroskopisch sichtbar. Man erkennt in der Regel 46 Strukturen (die DNA ist also nicht EIN langer Faden), die **Chromosomen** genannt werden. Schaut man sich das Ganze genauer an – hierfür fertigt man ein sogenanntes **Karyogramm** an, bei dem die Mitose durch Colchicin (➤ Kapitel 1.5.1) arretiert wird – erkennt man, dass sich manche Chromosomen sehr ähnlich sehen. Unsere 46 Chromosomen bestehen nämlich aus **23 homologen Chromosomenpaaren.** Das heißt nicht, dass diese Chromosomen permanent aneinander hängen, sondern dass sich auf beiden Gene finden, die für die gleichen Proteine codieren. Dabei stammt ein Chromosom von eurer Mutter und das andere von eurem Vater. Dieser doppelte Chromosomensatz, der in den meisten Zellen unseres Körpers vorliegt, wird auch als **diploid** bezeichnet und mit **2n** abgekürzt. Gibt es auch Zellen, in denen ein einfacher bzw. **haploider (n)** Chromosomensatz vorliegt? Ja, und zwar in den Spermien und Eizellen! Wenn auch in diesen Zellen ein doppelter Chromosomensatz vorläge, hätte die befruchtete Eizelle demzufolge einen vierfachen Chromosomensatz.

Man kann die Chromosomen zudem in **Geschlechtschromosomen (Gonosomen)** und **Autosomen** unterteilen. Die Chromosomenpaare 1–22 sind bei beiden Geschlechtern vorhanden. Zusätzlich verfügen Frauen über **zwei X-Chromosomen,** wohingegen Männer **ein X- und ein Y-Chromosom** besitzen. Das Vorhandensein von X- bzw. Y-Chromosomen bestimmt also das Geschlecht (➤ Abb. 2.4).

Erfreulicherweise bieten die Chromosomen noch einige Strukturmerkmale, anhand derer sie sich genauer beschreiben lassen.

Lage des Zentromers:
Kurz vor der Mitose muss die Erbinformation verdoppelt werden, damit jede Tochterzelle über einen vollständigen Chromosomensatz verfügt. Wenn die Erbinformation eines Chromosoms verdoppelt wird, entsteht dabei aber kein weiteres Chromosom, sondern eine Kopie, die mit ihrer Vorlage verbunden bleibt. Auf diese Weise entsteht die charakteristische X-Form des Chromosoms. Die beiden Äste (Vorlage und Kopie) werden **Chromatide** genannt. Das ge-

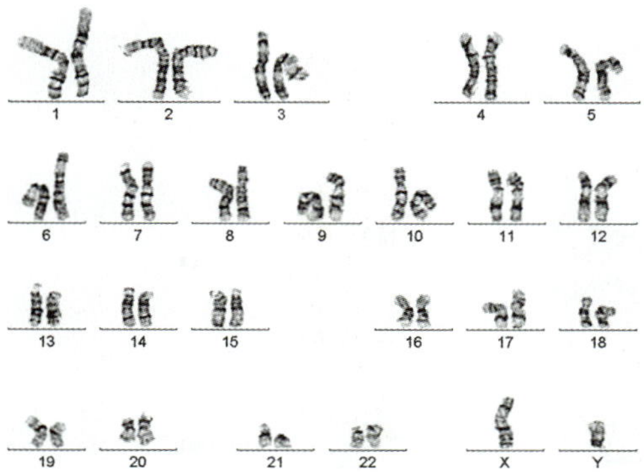

Abb. 2.4 Aufnahme der Chromosomen 1–5 sowie Schema des vollständigen Chromosomensatzes eines Mannes [F362–002]

samte Gebilde heißt **Zwei-Chromatid-Chromosom.** Der Ort, an dem die Chromatide verbunden sind, heißt **Zentromer.** An dieser Stelle werden die Chromatiden auch bei der Mitose getrennt und zu gegenüberliegenden Zellpolen gezogen. Nach der Lage des Zentromers lassen sich die Chromosomen weiter klassifizieren:

- Liegt das Zentromer genau in der Mitte des Chromosoms, spricht man von **metazentrischen** Chromosomen.
- Ist das Zentromer leicht verschoben, sodass kurze und lange Arme entstehen, spricht man von **submetazentrischen** Chromosomen.
- Ist das Zentromer noch weiter von der Mitte entfernt (fast schon endständig), sodass die kurzen Arme des Chromosoms fast verschwunden sind, spricht man von **akrozentrischen** Chromosomen.

Armlänge:
Bei submetazentrischen und akrozentrischen Chromosomen lassen sich **kurze (p)** und **lange (q) Arme** unterscheiden. Diese Unterscheidung wird wichtig, wenn man die genaue Position eines Gens auf dem Chromosom angeben will.

FÜR AHNUNGSLOSE

Warum wird der kurze Arm p-Arm und der lange Arm q-Arm genannt? „p" steht für petit (= französisch für „klein") und „q" ist der nächste Buchstabe im Alphabet.

Kinetochor:
Als Kinetochor bezeichnet man eine Struktur, die vorwiegend aus Proteinen besteht, am Zentromer sitzt und an der sich die Mikrotubuli des Spindelapparats bei der Mitose verankern können.

Telomer:
Telomere sind Regionen an den Enden der Chromosomen, die nicht für Proteine codieren, sondern die „wichtigen" Abschnitte des Chromosoms schützen. Mehr dazu erfahrt ihr in ➤ Kapitel 3.2.1.

Außerdem solltet ihr über die Rekordhalter unter den Chromosomen Bescheid wissen, die bereits im Physikum gefragt wurden:

- **Chromosom 1** ist das größte menschliche Chromosom.
- **Chromosom 19** ist zwar kleiner als Chromosom 1, verfügt aber über die höchste Gendichte.
- Das **männliche Y-Chromosom** ist das kleinste – und als ob das nicht genug wäre, hat es auch noch die geringste Gendichte.

Nachdem wir nun die wichtigsten Fakten zum Aufbau der Chromosomen kennen, werden wir uns in Kapitel 3.5 mit ihren Defekten und weiteren Details befassen.

2.3 DNA und RNA

Nun müssen wir uns noch anschauen, wie DNA und RNA aufgebaut sind. Diese Themen werden euch allerdings in der Biochemie nochmal detaillierter begegnen, sodass wir uns hier auf die für uns relevanten Fakten beschränken werden.

2.3.1 Struktur der DNA

DNA steht für **Desoxyribonucleinsäure.** Sie besteht aus Nucleotiden. Alle Nucleotide wiederum bestehen aus einem Zucker namens **2-Desoxyribose** (einer Pentose), die an eine **Phosphatgruppe** gebunden ist. Zusätzlich trägt jeder Zucker eine **Base** und in diesem Punkt unterscheiden sich die Nucleotide (➤ Abb. 2.5). In der DNA kommen in der Regel vier Basen vor. Sie heißen:

- **Adenin (A)** und **Guanin (G)** (sogenannte **Purinbasen)**
- **Cytosin (C)** und **Thymin (T)** (sogenannte **Pyrimidinbasen)**

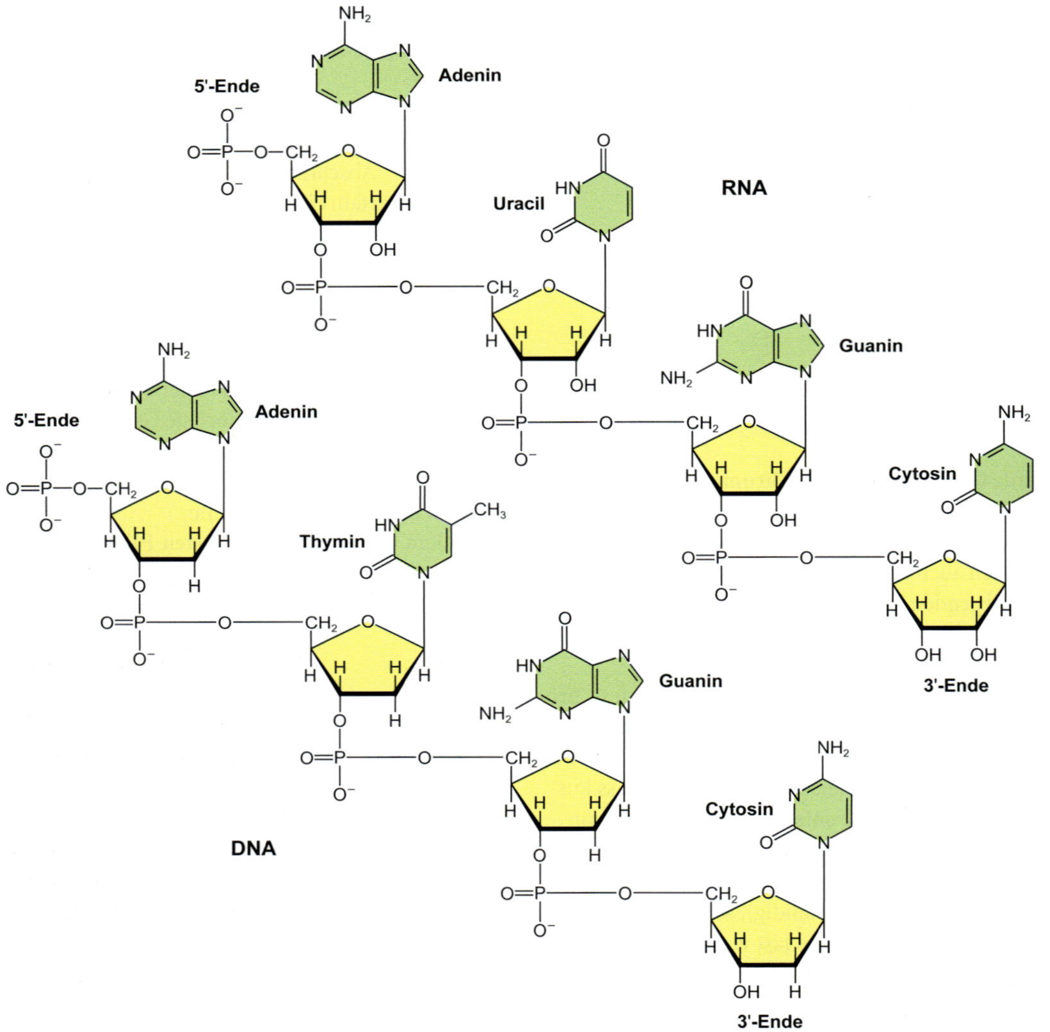

Abb. 2.5 DNA und RNA gegenübergestellt. Beachtet die Verknüpfung der Nucleotide über das Zucker-Phosphat-Rückgrat [L253]

FÜR AHNUNGSLOSE

Was ist eine Pentose? Eine Pentose ist ein Zucker, der aus fünf Kohlenstoffatomen besteht.

LERNTIPP

- Purine haben einen kurzen Namen, aber ein großes Molekül. Bei Pyrimidinen ist es umgekehrt.
- Zu den **Py**rimidinen gehören die Basen, die ein **y** im Namen tragen.

Die Nucleotide sind in der DNA zu langen Strängen verknüpft. Dabei sind die Zucker an ihrem dritten und fünften C-Atom über Phosphatbrücken miteinander verbunden. Am einen Ende eines Strangs findet sich folglich eine freie 3'-OH-Gruppe, am anderen Ende eine freie 5'-OH-Gruppe, sodass man die Enden auf diese Weise unterscheiden kann. Das ist wichtig, wenn man die Basenfolge auf dem Strang angeben will.

ACHTUNG!

Adenin ist eine Base. Wenn man von dem Nucleotid sprechen will, das die Base **Adenin** enthält (also Adenin + Zucker + Phosphat), dann bezeichnet man dieses als

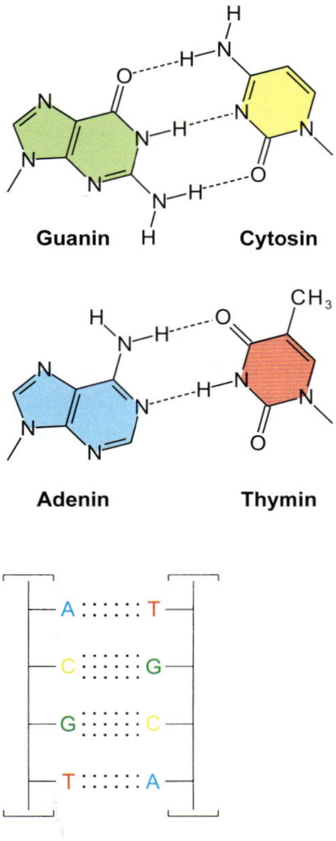

Abb. 2.6 Basenpaarung mittels Wasserstoffbrücken [L253]

> **Adenosin.** Die Nomenklatur gestaltet sich auch für die anderen Basen ähnlich:
> - Guanin (Base) → Guanosin (Nucleotid)
> - Thymin (Base) → Thymidin (Nucleotid)
> - Cytosin (Base) → Cytidin (Nucleotid)

Die DNA liegt in der Regel nicht als einzelner Strang, sondern als Doppelstrang vor. Dafür lagern sich zwei Stränge zusammen und gegenüberliegende Basen der beiden Stränge bilden **Wasserstoffbrücken** zueinander aus. Diese Wasserstoffbrücken können, im Gegensatz zu kovalenten Bindungen, auch gut wieder gelöst werden, doch dazu später mehr.

Viel wichtiger ist zunächst, dass nur bestimmte Basen miteinander Wasserstoffbrückenbindungen ausbilden (➤ Abb. 2.6):

- Adenin bildet **zwei Wasserstoffbrücken** zu Thymin.

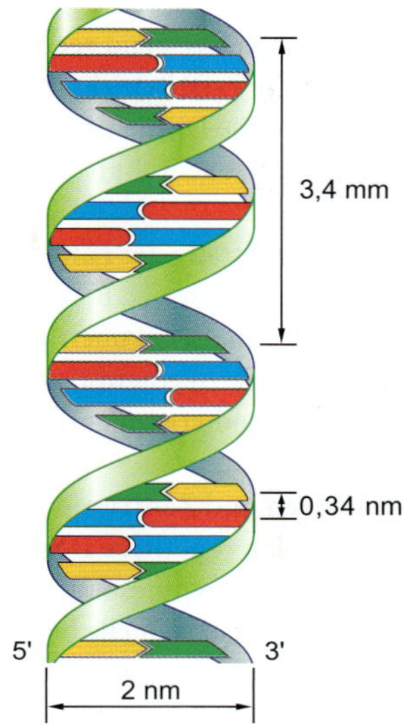

Abb. 2.7 Schema der DNA-Doppelhelix [L253]

- Guanin bildet **drei Wasserstoffbrücken** zu Cytosin.

Folglich müssen zwei DNA-Stränge, damit sie einen Doppelstrang bilden können, **komplementär** sein, also zueinander passen.

Da G und C mehr Wasserstoffbrücken ausbilden als A und T, sollte klar sein, dass Regionen des DNA-Doppelstrangs, in denen viel GC vorkommt, stabiler sind als solche, in denen vor allem Adenin und Thymin vorliegen.

> **LERNTIPP**
> Eine weit hergeholte, aber effektive Eselsbrücke:
> Die Buchstaben G und C sehen fast gleich aus. Ein G ist quasi ein C mit einem kleinen Strich am unteren Ende. Folglich sind G und C verwandt … und da Blut dicker als Wasser ist, bilden sie auch mehr Wasserstoffbrückenbindungen aus, da die den Zusammenhalt stärken.

Der DNA-Doppelstrang liegt in unseren Zellen nicht linear, sondern als **Doppelhelix** vor. Die einzelnen Stränge sind umeinander gewunden. Das Rückgrat wird dabei von den Zuckern und Phosphatgruppen gebildet (man spricht auch vom Zucker-Phosphat-Rückgrat), während die Basenpaare wie Sprossen einer Leiter die beiden Stränge der Doppelhelix verbinden (➤ Abb. 2.7).

Zwei Fakten zur Doppelhelix:

- Die Doppelhelix ist vorwiegend **rechtsgängig** (eine Ausnahme ist die Z-DNA).
- Die Ganghöhe, also die Distanz, nach der sich die Helix einmal komplett gedreht hat, beträgt **zehn Basenpaare.**

Wenn man nun einen Strang der Länge nach abliest, ergibt sich eine Basensequenz (z. B. ATTCGGG etc.). Diese Sequenz sagt den Ribosomen unserer Zelle, welche Aminosäuren sie zu einem Protein verknüpfen sollen. Allerdings codieren nicht alle Abschnitte unserer DNA für Proteine.

- An den **Telomeren** und **Zentromeren** der Chromosomen findet sich **repetitive DNA,** die keine Informationen für die Synthese von Proteinen enthält. Übrigens: Je nach Quelle beträgt der Anteil repetitiver DNA an der gesamten Erbinformation bis zu 50 %.
- Codierende Sequenzen (sogenannte **Exons)** werden oftmals durch Sequenzen unterbrochen, die nicht für eine Aminosäurensequenz codieren (sogenannte **Introns).** Mit Exons und Introns werden wir uns noch genauer beschäftigen.

Andererseits gibt es aber auch Gene für Proteine, die mehrfach in der DNA vorhanden sind (man spricht von **Redundanz**). Diese Gene codieren in der Regel für Proteine, die viel gebraucht werden, z. B. weil sie Bestandteil von Ribosomen sind.

2.3.2 Struktur der RNA

Die RNA ist in ihrem Aufbau der DNA weitgehend ähnlich – umso wichtiger ist es, die Unterschiede zu kennen (➢ Abb. 2.5)!

- Der Zucker der RNA-Nucleotide ist nicht die 2-Desoxyribose, sondern die **Ribose.** Daher stammt auch das R in RNA.
- Die vier wichtigsten Basen der RNA sind Guanin, Cytosin, Adenin und **Uracil (U).** Thymin kommt in der RNA nicht vor. Es gibt auch sogenannte **„seltene Basen"**, die für ganz bestimmte Funktionen wichtig sind und euch in der Biochemie begegnen werden.
- Die RNA ist meistens einzelsträngig, wobei es auch hier gelegentliche Ausnahmen gibt.

Im Verlauf dieses Kapitels werdet ihr verschiedene Arten von RNA kennenlernen, die am Ende in ➢ Tab. 2.2 zusammengefasst sind.

2.4 Transkription

Alle Proteine unserer Zellen sind also in der DNA codiert und warten nur darauf, synthetisiert zu werden. Genau mit diesem Vorgang, der **Proteinbiosynthese,** wollen wir uns nun beschäftigen. Damit ein Protein synthetisiert werden kann, muss die Information, die in der DNA codiert ist, irgendwie den Zellkern verlassen. Die Zelle nutzt dafür **RNAs,** und der Vorgang, bei dem diese gebildet werden, heißt **Transkription.** In diesem Kapitel werden wir uns genau damit befassen, um uns danach dem Vorgang an den Ribosomen, der **Translation,** zu widmen.

Wir wollen also die Informationen der DNA irgendwie zu den Ribosomen bringen, damit ein Protein entstehen kann. Man könnte nun versuchen, das ganze Chromosom aus dem Zellkern zu schleifen. Aber wäre es nicht besser, man würde sich auf genau die Information beschränken, die auch wirklich gebraucht wird? Man könnte nun also das Gen herausschneiden, aber die Gefahr, dass dabei unser wertvolles Gen oder gar das Chromosom zerstört wird, ist zu groß. Die Lösung: Eine Kopie des Gens, die den Kern verlassen kann, zum Ribosom gelangt, gelesen wird und dann vernichtet werden kann, ohne dass das ursprüngliche Gen in Gefahr gerät.

FÜR AHNUNGSLOSE

Was ist ein **Gen?** Ein Gen ist ein Abschnitt der DNA, der für eine RNA codiert, die eine Funktion hat. Entweder wird mithilfe der RNA ein Protein hergestellt oder sie erfüllt selbst Aufgaben, wie etwa die ribosomale RNA.

Um die RNA zu synthetisieren, braucht es ein Enzym, die **RNA-Polymerase.** Diese bindet an die **Promotorregion,** die Bestandteil eines jeden Gens (➢ Abb. 2.8) ist. An dieser Bindung sind auch **Transkriptionsfaktoren** beteiligt, über die reguliert werden kann, wie häufig ein Gen transkribiert wird.

Abb. 2.8 Schematischer Aufbau eines Gens [L253]

Damit die RNA-Polymerase die DNA unseres Gens auch tatsächlich lesen kann, muss sie lokal den Doppelstrang trennen, denn es wird immer nur von einem Strang abgelesen. Dieser wird auch **Matrize** oder codogener Strang genannt. Man bezeichnet die Fähigkeit, die Stränge zu trennen, auch als Helicase-Aktivität, da es ein Enzym namens **DNA-Helicase** gibt, das ebenfalls dazu in der Lage ist.

FÜR AHNUNGSLOSE

Gibt es noch andere Möglichkeiten, die Genaktivität zu regulieren? Ja, und zwar einige! Eine Möglichkeit besteht in der **Methylierung der DNA.** Außerdem können auch die **Histone** modifiziert werden. Neben der **Methylierung** solltet ihr in diesem Zusammenhang auch die **Acetylierung** kennen.

Die RNA-Polymerase kommt aber ohne dieses Enzym aus, trennt die Stränge selbst und beginnt die RNA zu synthetisieren. Dafür knüpft sie freie Nucleotide aneinander (➤ Abb. 2.9). Der genaue Mechanismus wird in der Biochemie wichtig, deswegen solltet ihr euch an dieser Stelle vor allem merken, dass die RNA-Polymerase immer die 3'-OH-Gruppe der bestehenden Kette nutzt, um sie mit einem neuen Nucleotid zu verbinden. Folglich bleibt die 5'-OH-Gruppe des ersten Nucleotids dauerhaft frei. Man sagt deshalb, dass die RNA **von 5' nach 3'** synthetisiert wird. Die entstehende RNA-Kette wird als **prä-mRNA** (das „m" steht für „messenger") bzw. **hnRNA** („hn" steht für „heterogeneous nuclear") bezeichnet. Erreicht die RNA-Polymerase die **Terminator**-Region, die das Ende eines Gens markiert, dissoziiert die RNA-Polymerase von der DNA ab.

Erinnert ihr euch noch daran, dass wir gesagt hatten, dass nur bestimmte Abschnitte unserer DNA, die Exons, für Proteine codieren? Ein Gen besteht aber sowohl aus Exons als auch aus nicht codierenden Introns. Was macht man nun? Die Introns rausschneiden! Das Ganze ist Teil der Reifung unserer prä-mRNA zur fertigen mRNA.

2

2.4.1 Reifung der prä-mRNA

FÜR DIE KLAUSUR

Fakten zur Reifung bzw. zum Processing der prä-mRNA lassen sich gut abprüfen und erfreuen sich vor allem in schriftlichen Prüfungen großer Beliebtheit – gerade im Hinblick auf die Biochemie.

5'-Cap:

Unsere frisch hergestellte prä-mRNA muss es nun aus dem Kern zum Ribosom schaffen – wenn möglich ohne abgebaut zu werden. Dafür knüpft die Zelle an das 5'-Ende der prä-mRNA ein Nucleotid namens **7-Methyl-guanosin.** Diese Gruppe wird als **Cap** und das Anheften der Gruppe als Capping bezeichnet. Die Cap erfüllt gleich mehrere Funktionen:

- Sie signalisiert der Zelle, dass die mRNA, die die Kappe trägt, nicht abgebaut werden darf, sondern aus dem Kern ins Zytoplasma exportiert werden soll.

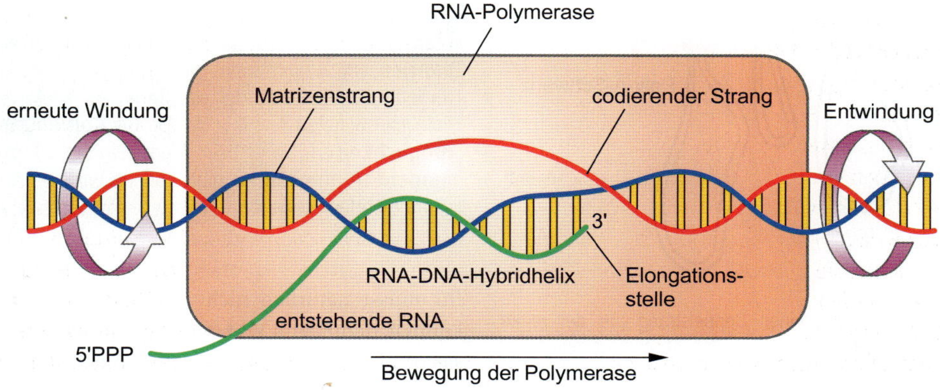

Abb. 2.9 RNA-Polymerase bei der Transkription [L253]

- Außerdem interagiert die Cap mit dem Ribosom und sorgt dafür, dass die mRNA auch tatsächlich erkannt wird.

Wir haben gelernt, dass die RNA-Polymerase die RNA von 5' nach 3' synthetisiert. Folglich muss die Zelle nicht bis zum Ende der Transkription warten, um die Cap anzuheften, sondern kann das Ganze sogar zeitgleich **(cotranskriptional)** machen.

2

Poly-A-Ende:
Auch das 3'-Ende der mRNA muss vor dem Abbau geschützt werden. Dafür gibt es ein Enzym, das eine bestimmte Sequenz auf der prä-mRNA erkennt und dann **50–200 Adenosinreste** anhängt.

Spleißen:
Damit man auch wirklich von einer reifen mRNA sprechen kann, müssen noch die Introns entfernt werden. Dies geschieht in einem Prozess, der Spleißen genannt wird. Das Spleißen geschieht an den Spleißosomen. Dabei handelt es sich um Strukturen im Zellkern (also gewissermaßen ein Organell in einem Organell), die aus spezieller RNA (sogenannter **small nuclear RNA)** und Proteinen bestehen. Die Reaktionen am Spleißosom führen dazu, dass die Introns zunächst sogenannte Lasso-Strukturen bilden und dann abgespalten werden (➤ Abb. 2.10). Die abgespaltenen Introns können sogar noch innerhalb des Kerns abgebaut werden und unsere fertige mRNA ist somit ein gutes Stück kürzer als die ursprüngliche prä-mRNA.

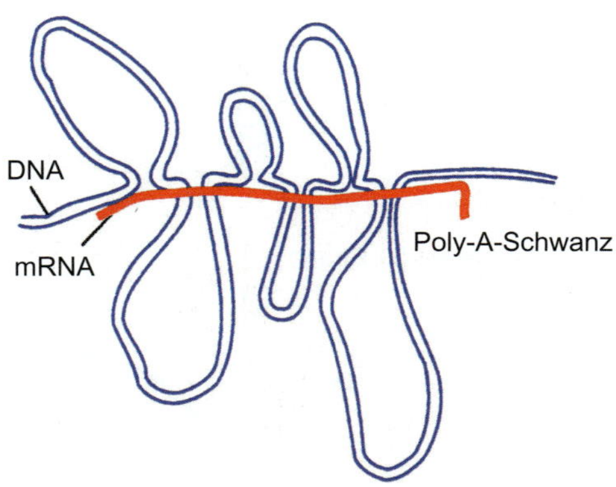

Abb. 2.10 Wenn man einen Doppelstrang aus der reifen mRNA (rot) und dem zugehörigen DNA-Abschnitt erzeugt, haben die Introns der DNA keinen Partner (denn die sind bereits aus der mRNA herausgespleißt). Folglich erkennt man sie gut als Schleifen, die keinen Kontakt zur mRNA haben [L253]

Übrigens: Die sogenannten **Kernflecken** oder **Nuclear Speckles** werden ebenfalls mit dem Spleißen in Verbindung gebracht. Ihre Funktion ist noch nicht abschließend geklärt. In diesem Zusammenhang werden oft auch die **Cajal Bodies** erwähnt, die zudem bei der Synthese der Telomerase von Bedeutung sein sollen.

2.5 Genetischer Code und Translation

Die reife mRNA verlässt nun den Zellkern und gelangt ins Zytoplasma. Dort lagern sich eine große und eine kleine ribosomale Untereinheit an der mRNA zusammen und bilden ein Ribosom. Doch bevor wir uns mit der eigentlichen Synthese des Proteins, der Translation, befassen, müssen wir zunächst verstehen, wie die genetische Information codiert ist.

2.5.1 Genetischer Code

Die Ribosomen lesen die Sequenz der mRNA immer in Päckchen aus drei Basen, sogenannten **Tripletts** bzw. **Codons.** Jedes Codon steht dabei für eine bestimmte Aminosäure, z. B. sagt die Basenfolge **AUG** dem Ribosom, dass nun **Methionin** ins Protein eingebaut werden muss. Dabei werden viele Aminosäuren durch mehrere Codons codiert.

FÜR AHNUNGSLOSE

Warum sind oft mehrere Codons einer Aminosäure zugeordnet? Weil es mehr Kombinationsmöglichkeiten als proteinogene Aminosäuren gibt. In einem Triplett kann an jeder Position eine der vier Basen der RNA stehen. Folglich existieren 4 × 4 × 4, also **64 Kombinationsmöglichkeiten.** Da es beim Menschen nur **21 proteinogene Aminosäuren** gibt, können wir eine Aminosäure mehrfach codieren.

Ihr müsst natürlich nicht alle Codons auswendig können, denn dafür gibt es **Code-Sonnen.** Liest man sie von innen nach außen, erhält man die Basensequenz, die die jeweilige Aminosäure codiert (➤ Abb. 2.11). Einige Codons muss man allerdings erkennen können – und zwar die, die dem Ribosom sagen, dass es loslegen muss und die, bei denen das Ribosom weiß, dass die Arbeit getan ist:

- das Codon **AUG** steht für die **Aminosäure** Methionin und zeigt dem Ribosom, dass jetzt die Sequenz der mRNA beginnt, aufgrund der das Protein synthetisiert wird. Man bezeichnet AUG deshalb auch als **Startcodon.**
- Die **Stoppcodons** zeigen dem Ribosom, dass es nun keine Aminosäuren mehr verknüpfen muss, entsprechend codieren sie auch für keine Aminosäure. Es gibt drei Stoppcodons: **UGA, UAA** und **UAG**

LERNTIPP

AUf **G**eht's, **ME**hr Protein! Das Startcodon **AUG** codiert **ME**thionin!

FÜR AHNUNGSLOSE

Wenn der Start der Translation durch das Codon AUG markiert wird und AUG für Methionin steht, müsste jedes Protein unserer Zellen mit Methionin beginnen, oder? Nein, denn die Proteine werden noch nach der Translation verändert **(posttranslational modifiziert).** Dabei können unter anderem einzelne Aminosäuren oder ganze Sequenzen abgespalten werden, sodass es in unseren Zellen nicht ganz so eintönig aussieht!

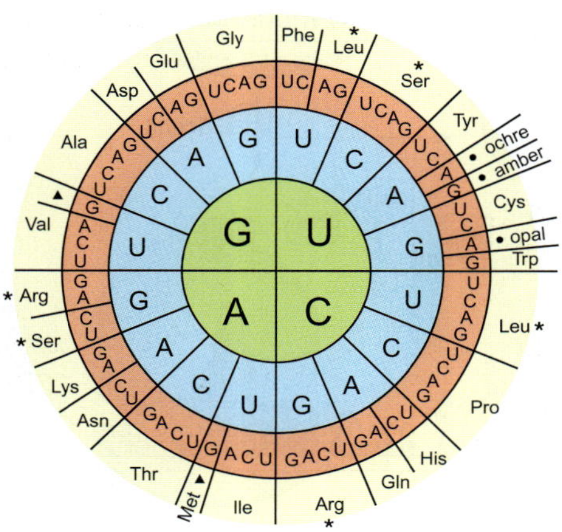

Abb. 2.11 Die Code-Sonne
Dreiecke kennzeichnen Startcodons, Punkte kennzeichnen Stoppcodons. Die Sternchen machen deutlich, dass die jeweiligen Aminosäuren durch unterschiedliche Codons, die sich in der ersten Base unterscheiden, codiert werden [L253]

Der genetische Code verfügt zudem über einige Eigenschaften, die man nennen und grob erläutern können sollte. Der genetische Code ist …

- **universell:** Egal ob Pflanze, Mensch oder Bakterie – die Zuordnung von Aminosäuren zu Basentripletts ist die gleiche. Lediglich die **mitochondriale DNA,** auf die wir in diesem Kapitel noch zu sprechen kommen werden, enthält einige kleine Abweichungen.
- **degeneriert:** Dieser Begriff bezeichnet die Tatsache, dass eine Aminosäure in der Regel durch mehrere Tripletts codiert wird.

Andere Eigenschaften des genetischen Codes sind mit Sicherheit auch interessant, aber normalerweise nicht prüfungsrelevant.

2.5.2 Translation

Damit das Ribosom nun anhand der mRNA Aminosäuren aneinander knüpfen kann, müssen die Aminosäuren erstmal zu ihm gelangen. Hierfür gibt es spezielle RNAs, die **tRNAs** (➤ Abb. 2.12). Das T steht dabei aber nicht etwa für „Translation" oder ihre Struktur (die wird nämlich als „kleeblattartig" be-

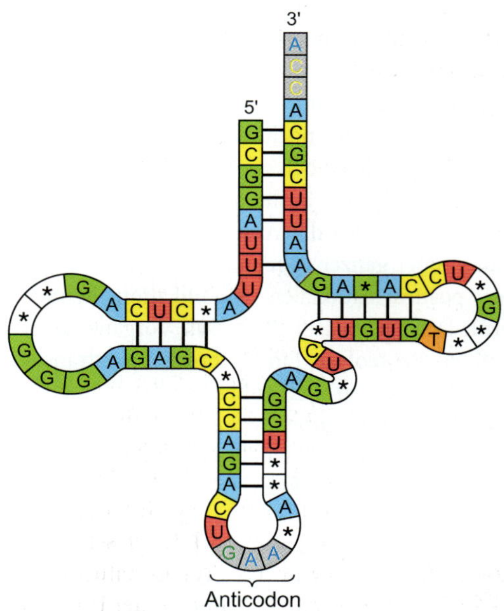

Abb. 2.12 Schema einer tRNA. Die Sternchen stehen für „seltene Basen" [L253]

zeichnet), sondern für „**transfer**", also ihre Funktion. Jede tRNA wird von einem Enzym namens **Aminoacyl-tRNA-Synthetase** mit einer Aminosäure beladen – aber nicht jede Aminosäure passt zu jeder tRNA. Auf der tRNA gibt es nämlich auch bedeutsame Tripletts, sogenannte **Anticodons.** Diese Anticodons sind komplementär zu den Codons auf der mRNA. Entsprechend wird also die tRNA, die das passende Anticodon zu AUG (UAC) enthält, mit Methionin beladen (schließlich codiert AUG für Methionin).

Gelangt das Ribosom nun auf der mRNA zum Codon AUG, kommt die passende tRNA dazu und bindet mit ihrem Anticodon an das Codon der mRNA. Die tRNA fungiert also als eine Art Adapter.

Wenn nun das Ribosom weiterrückt und die tRNA, die zum nächsten Codon passt, dazukommt, kann es eine Peptidbindung zwischen den Aminosäuren knüpfen. So geht es weiter, bis das Ribosom auf ein Stoppcodon stößt und von der mRNA abdissoziiert (➤ Abb. 2.13).

In ➤ Abb. 2.14 ist schematisch dargestellt, inwiefern sich Transkription, Translation und Replikation voneinander unterscheiden und zu welchen Ergebnissen sie führen.

2.5.3 Posttranslationale Modifikation

Nach der Translation ist das synthetisierte Protein allerdings meistens noch nicht einsatzbereit. Häufig kommt es vorher noch zu mehr oder weniger umfangreichen posttranslationalen Modifikationen. Wir haben bereits das Abspalten einzelner Aminosäuren oder ganzer Sequenzen als eine Möglichkeit der posttranslationalen Modifikation kennengelernt. Der Fachbegriff für diesen Vorgang lautet **limitierte Proteolyse.** Eine verbreitete posttranslationale Modifikation stellt außerdem das Einfügen von **funktionellen Gruppen,** wie etwa Hydroxygruppen, in das Protein dar. Ebenfalls erwähnenswert ist das **Anhängen von Zuckern** (*N*- bzw. *O*-Glykosylierung), mit dem wir uns bereits bei der Besprechung der Zellorganellen (➤ Kapitel 1.4) befasst hatten.

Zu guter Letzt wird das Protein natürlich auch noch gefaltet, wobei diese Faltung unter Umständen durch die **Bildung von Disulfidbrücken** (im endoplasmatischen Retikulum) stabilisiert werden kann.

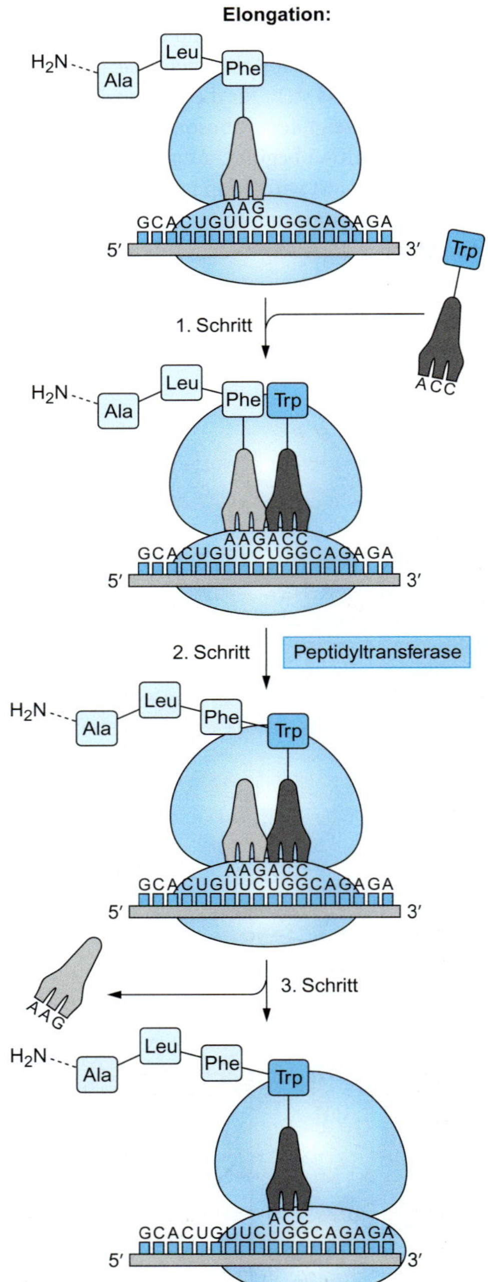

Abb. 2.13 Translation [L253]

Übrigens: Wird ein Protein nicht richtig gefaltet, kann es genauso wie alte Proteine abgebaut werden.

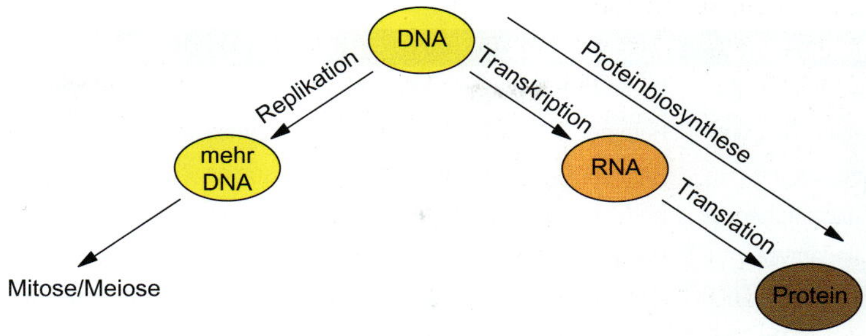

Abb. 2.14 Transkription, Translation, Replikation [L253]

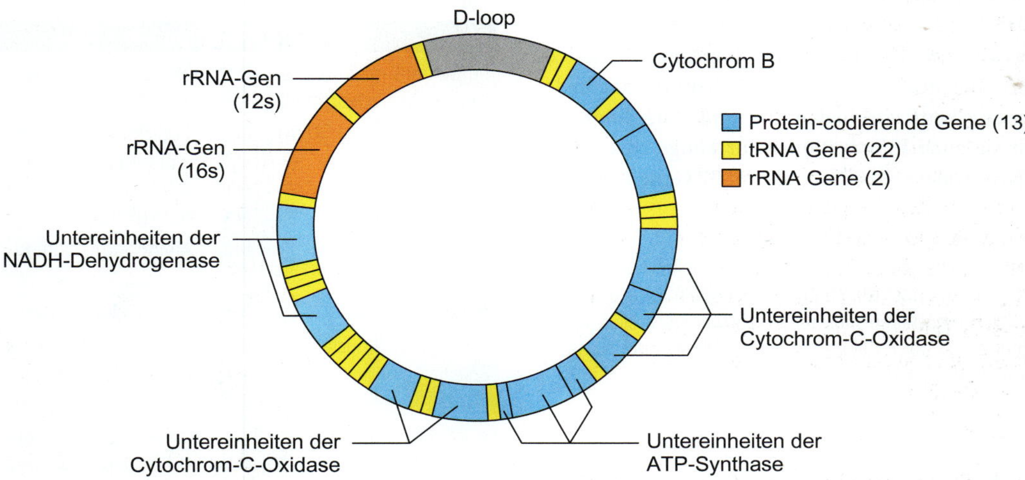

Abb. 2.15 Schema der zirkulären mitochondrialen DNA [L253]

Den Abbau der Proteine im Proteasom haben wir ja bereits kennengelernt.

2.6 Exkurs: Mitochondriale DNA

Wir haben uns bereits bei den Zellorganellen (➤ Kapitel 1.4) mit den Mitochondrien befasst, ihre Funktionen kennengelernt und die Endosymbiontentheorie – also der These, dass Mitochondrien mal eigenständige Prokaryonten waren – besprochen. Dabei haben wir diverse Fakten kennengelernt, die diese These stützen. Einen Punkt mussten wir noch etwas zurückstellen, nämlich den, dass Mitochondrien über eigene DNA (mtDNA) verfügen (die Erbinformation unserer Zelle befindet sich also nicht ausschließlich im Kern), und dass sich diese in einigen Punkten von der nucleären DNA unterscheidet. Mit dem Grundwissen an genetischen Fachbegriffen, das ihr im Laufe des letzten Kapitels erworben habt, lässt sich dieses Thema viel leichter besprechen.

- Die DNA der Mitochondrien ist zwar, wie die Kern-DNA auch, **doppelsträngig,** allerdings ist sie nicht als Chromosom organisiert, sondern bildet einen **Ring** (aus ca. 16.000 Basenpaaren). Man spricht von **zirkulärer DNA** (➤ Abb. 2.15).
- Im Gegensatz zur Kern-DNA ist die mitochondriale DNA nicht um Histone gewickelt, was bei einem zirkulären Genom wahrscheinlich auch relativ unpraktisch wäre.
- Da in den Mitochondrien oftmals Sauerstoffradikale entstehen (schließlich ist hier auch die Atmungskette organisiert), wird kontrovers disku-

Tab. 2.1 Translationshemmstoffe

Hemmstoffe	Mechanismus	Vorkommen/Verwendung
Diphtherietoxin	Hemmt den Elongationsfaktor eEF-2	Toxin des Bakteriums *Corynebacterium diphtheriae*
Aminoglykoside	Hemmen 30S-Untereinheiten der Ribosomen	Antibiotikum
Tetracycline	Hemmen 30S-Untereinheiten der Ribosomen	Antibiotikum
Chloramphenicol	Hemmt 50S-Untereinheiten der Ribosomen	Antibiotikum
Clindamycin	Hemmt 50S-Untereinheiten der Ribosomen	Antibiotikum
Linezolid	Hemmt 50S-Untereinheiten der Ribosomen	Antibiotikum
Lincomycin	Hemmt 50S-Untereinheiten der Ribosomen	Antibiotikum

tiert, ob mtDNA ein im Vergleich zur nucleären DNA erhöhtes Mutationsrisiko aufweist.

Was ist nun alles in der mitochondrialen DNA codiert? Die mtDNA codiert für **13 Proteine,** die in der Atmungskette von Bedeutung sind. Allerdings enthält sie auch Informationen für einige tRNAs und rRNAs, sodass wir auf insgesamt **37 Gene** kommen.

! ACHTUNG!

Die Tatsache, dass die mtDNA für Proteine codiert, bedeutet nicht, dass Mitochondrien keine Proteine aus dem Zytosol importieren müssten. Wahrscheinlich sind sogar mehr als ¾ der Proteine, die in den Mitochondrien aktiv sind, im Kern codiert.

2.6.1 Hemmstoffe der Translation

Wenn die Translation gehemmt wird, kann die Zelle weniger oder im schlimmsten Fall gar keine Proteine synthetisieren. Dass das für Zellen nicht gut ist, erklärt sich von selbst. Einerseits können wir die gezielte Hemmung der Translation in Form von Antibiotika nutzen, um uns gegen Bakterien zu helfen, andererseits gibt es aber auch Bakterien, die Translationshemmstoffe gegen unsere Zellen einsetzen. Ihr seht: In unserem Körper wird mit harten Bandagen gekämpft – und die wichtigsten Vertreter solltet ihr kennen.

FÜR DIE KLAUSUR

Da die Translationshemmstoffe, die wir als Antibiotika einsetzen, nur an 30S- bzw. 50S-Untereinheiten, also an den 70S-Ribosomen der Prokaryonten, wirken, könnte man meinen, dass diese Antibiotika die Zellen unseres Körpers schonen und keine unerwünschten Nebenwirkungen zeigen. Spätestens beim Blick auf die Packungsbeilage von Aminoglykosiden wird man merken, dass dem nicht so ist. Das liegt daran, dass auch unsere körpereigenen Zellen über 70S-Ribosomen verfügen … denkt mal an die Mitochondrien!

Ihr solltet wissen, an welcher Untereinheit die Translationshemmstoffe ansetzen. Denkt deshalb daran, dass man Aktien immer zu einem höheren Preis verkaufen soll als man sie eingekauft hat:

Buy AT 30 CELL (sell) at 50

Aminoglykoside und Tetracycline hemmen die 30S-Untereinheit, Chloramphenicol, Clindamycin, Erythromycin, Linezolid und Lincomycin wirken an der 50S-Untereinheit.

Tab. 2.2 RNAs

RNA	Funktion
hnRNA/prä-mRNA (heterogeneous nuclear RNA)	Unmittelbares Produkt der Transkription
mRNA (messenger RNA)	Entsteht durch Reifung der prä-mRNA und wird bei der Translation als Vorlage zur Synthese des Proteins genutzt
tRNA (transfer RNA)	Bringt Aminosäuren zum Ribosom
rRNA (ribosomal RNA)	Bestandteil der Ribosomen
snRNA (small nuclear RNA)	Bestandteil des Spleißosoms, hilft bei der Reifung der prä-mRNA
miRNA (micro RNA)	Kann Abbau von mRNA auslösen und reguliert auf diese Weise die Proteinbiosynthese nach der Transkription

2.6.2 Die verschiedenen RNAs

Zu guter Letzt noch die versprochene Tabelle zu den verschiedenen RNAs. Einige von ihnen haben wir bereits in diesem Kapitel kennengelernt, von den anderen solltet ihr trotzdem gehört haben.

Tab. 2.3 Die RNA-Polymerasen der Eukaryonten

Enzym	Funktion
RNA-Polymerase I	Synthetisiert den Großteil der rRNAs
RNA-Polymerase II	Synthetisiert die prä-mRNAs
RNA-Polymerase III	Synthetisiert die tRNAs, diverse kleine RNAs und die 5S-rRNA

Für die verschiedenen RNAs gibt es auch verschiedene Enzyme, die sie herstellen. Die drei RNA-Polymerasen der Eukaryonten findet ihr in der Tabelle.

FÜR DIE KLAUSUR

Nach α-**Amanitin,** dem Gift des grünen Knollenblätterpilzes, wird in Prüfungen gern gefragt. Es hemmt vorwiegend die RNA-Polymerase II (in großen Mengen auch die RNA-Polymerase III). Merkt euch: Wenn ihr Knollenblätterpilze **M**ampft, könnt ihr keine **M**RNAs mehr machen.

2.7 Übungen

1. Vervollständige:
- Das Startcodon _________ codiert für die Aminosäure _________.
- Die Reife mRNA trägt eine _____ Cap und einen _________ Poly-A-Schwanz.
- Zum Arretieren der Mitose bei der Erstellung eines Karyogramms, kann man z. B. ______________ verwenden.

2. Welche Aussage trifft nicht zu?
a) Chromosom 19 verfügt über die höchste Gendichte.
b) Die RNA-Polymerase III synthetisiert den Großteil der tRNAs.
c) Posttranslationale Modifikationen sind für die Funktion der meisten Proteine essenziell.
d) Antibiotika, die an 70S-Ribosomen ansetzen, verursachen keine Nebenwirkungen.

FÜR DIE KLAUSUR

Phrasen wie „in der Regel", „meistens" und „selten" signalisieren oft zutreffende Antworten, da sie juristische Sicherheit bieten. Wenn eine Frage Formulierungen wie „ausschließlich", „nie", „immer" oder „nur" enthält, muss man als Student nur ein Gegenbeispiel vorbringen können und könnte die Physikumsfrage anfechten! Deswegen sind Antworten, die diese **„harten" Formulierungen** enthalten, meistens nicht zutreffend. Dies muss allerdings nicht zwangsläufig der Fall sein.

3. Welche Basen bilden in der DNA Wasserstoffbrücken miteinander? Und wie viele?

4. Welche Aussage trifft zu?
a) Aminoglykoside binden an die 50S-Untereinheiten bakterieller Ribosomen.
b) Mitochondriale DNA codiert alle Proteine, die das Mitochondrium für seine Stoffwechselwege benötigt.
c) Beim Spleißen der hnRNA werden die Exons entfernt.
d) Beim Spleißen der hnRNA werden die Introns entfernt.

FÜR DIE KLAUSUR

Wenn ihr bei einer Klausurfrage völlig ahnungslos seid, versucht Antwortmöglichkeiten zu finden, die sich widersprechen. Das ist natürlich nicht immer so offensichtlich wie in Aufgabe 4, aber wenn es euch gelingt, steigt eure Chance richtig zu raten auf 50 %.

KAPITEL

3 Zellzyklus und Apoptose – Teilung und Tod der Zellen

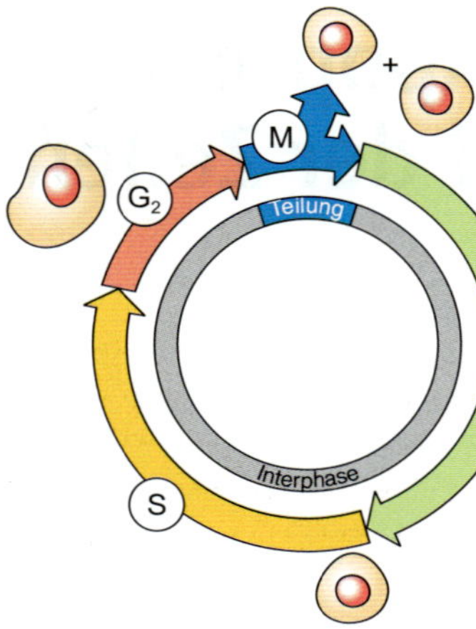

Abb. 3.1 Der Zellzyklus [L253]

Wir wissen nun, woraus eine Zelle besteht und wie sie die Proteine, die sie zum Leben braucht, herstellt. Nun befassen wir uns mit den „Meilensteinen" im Leben einer Zelle: Wir betrachten, wie sich eine Zelle teilt und was für Vorbereitungen dafür nötig sind, werfen einen Blick auf die Entstehung von Spermien und Eizellen, um uns dann mit dem unausweichlichen Ende des Lebens unserer Zellen zu befassen.

3.1 Zellzyklus

Zellen entstehen durch Zellteilung und können durch Zellteilung weiter Nachkommen bilden. Es ist nur logisch, diesen Prozess als Kreislauf, den **Zellzyklus,** darzustellen. Darüber wollen wir uns nun zunächst einen groben Überblick verschaffen und dann die besonders wichtigen Abschnitte detailliert beleuchten (➤ Abb. 3.1).

Wenn wir uns eine Zelle vorstellen, die gerade durch Zellteilung (Mitose) entstanden ist, hat diese Zelle zwei Möglichkeiten.

3.1.1 G0-Phase

Hat unsere Zelle nicht das Ziel, sich noch einmal zu teilen, tritt sie in die sogenannte **G0-Phase** ein. Die G0-Phase stellt gewissermaßen den „Austritt" aus dem Zellzyklus dar. Die Zelle geht zwar noch ihren Funktionen nach, trifft aber keine Vorbereitungen, um sich weiter zu vermehren. In machen Geweben verharren die Zellen, egal was passiert, in der G0-Phase und gehen ihren Aufgaben stur nach bis sie sterben (man spricht von **terminaler Differenzierung).** Andere Zellen sind da flexibler: Sie können bei Bedarf (z. B. wenn Zellen in der Nachbarschaft geschädigt werden oder sterben) aus der G0-Phase in den Zellzyklus zurückkehren und sich weiter teilen.

3.1.2 G1-Phase

Nehmen wir an, unsere Zelle will sich sofort weiter teilen oder hat sich nach einem kurzen Ausflug in die G0-Phase wieder besonnen. Sie tritt nun in die **G1-Phase** ein, die das Ziel hat, die Verdopplung der DNA zu ermöglichen. Diese Verdopplung ist notwendig, damit beide Tochterzellen, die bei der Mitose entstehen, über eine vollständige Erbinformation verfügen.

FÜR AHNUNGSLOSE

Wie sehen die Vorbereitungen auf die Verdopplung der DNA aus und wofür steht überhaupt das „G" in G1-/G0-Phase?

Unsere DNA verdoppelt sich nicht von selbst, sondern braucht dafür, wie eigentlich für alle ihre Aktivitäten, Enzyme. Auch die Bestandteile des Spindelapparats müssen im Hinblick auf die Mitose synthetisiert werden. Entsprechend wird während der G1-Phase sehr viel **RNA und Protein synthetisiert.** Das G steht übrigens für „Gap", also Lücke. Eine hohe Proteinsyntheserate lässt sich von außen nämlich relativ schwer erkennen, sodass man früher nicht wusste, was die Zelle während dieser Zeit macht.

Die G1-Phase ist die längste Phase des Zellzyklus. Wie lang sie tatsächlich dauert, hängt stark vom Gewebetyp ab. Da im Physikum bereits einmal nach dem Zellzyklus einer Bindegewebszelle **(Fibroblast)** gefragt wurde, solltet ihr euch deren Zellzyklus grob einprägen. Der gesamte Zyklus dauert ungefähr einen Tag (22–24 Stunden) und auf die G1-Phase entfällt natürlich der größte Anteil, ca. 9 Stunden. Während der G1-Phase verfügt die Zelle über einen **diploiden Chromosomensatz** (23 Chromosomenpaare = 46 Chromosomen, je eins von Vater und Mutter). Da jedes Chromosom eines Paares aus je einem DNA-Strang, einem Chromatid, besteht, liegt ein

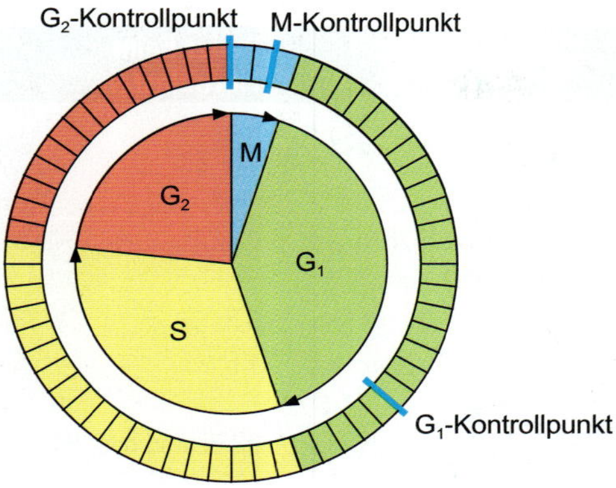

Abb. 3.2 Kontrollpunkte des Zellzyklus [L253]

Gen in doppelter Ausfertigung vor. Man schreibt folglich **2n** (diploider Chromosomensatz) **2c** (Gen liegt doppelt vor).

Den Abschluss der G1-Phase bildet der sogenannte **G1-Kontrollpunkt** (> Abb. 3.2). Ihr könnt euch vorstellen, dass in der langen G1-Phase viel schiefgehen kann. Es wäre ziemlich problematisch, wenn Mutationen in der DNA, die während dieser Phase entstanden sind, in der anschließenden Synthesephase verdoppelt werden, sodass beide Tochterzellen die fehlerhafte DNA in sich tragen. Aus diesem Grund prüft die Zelle am Ende der G1-Phase, ob alles stimmt. Wird die Zelle für würdig befunden, bekommt sie ein Signal und darf den Zellzyklus weiter durchlaufen. Finden sich Fehler, muss die Zelle in die G0-Phase eintreten oder es kommt zum kontrollierten Zelltod, der **Apoptose.**

3.1.3 S-Phase

Der nächste Schritt ist die sogenannte **Synthese-Phase.** Hier kommt es zur Verdopplung der DNA. Wie wir bereits gelernt haben, entstehen dabei aber nicht etwa 92 Chromosomen, sondern unsere 46 Chromosomen bestehen nun aus **zwei Chromatiden.** Wir haben also immer noch einen **diploiden Chromosomensatz (2n),** wobei die beiden Chromosomen eines homologen Chromosomenpaares nun aus je zwei Chromatiden bestehen. Folglich gibt es in der Zelle 2 × 2, also 4 Kopien eines Gens **(4c).** Die Verdopplung der DNA wird Replikation genannt und wird uns in > Kapitel 3.2 noch genauer beschäftigen. Zunächst wollen wir aber unseren Zellzyklus beenden.

Übrigens: Die S-Phase ist die zweitlängste Phase des Zellzyklus und dauert beim Fibroblasten etwa 7 Stunden.

3.1.4 G2-Phase

Da auf die **G2-Phase** die Mitose folgt, muss die Zelle in diesem Abschnitt des Zellzyklus sämtliche Vorbereitungen abschließen. Dazu gehört auch, sicherzustellen, dass die DNA der Zelle nach wie vor fehlerfrei vorliegt. Es ist also Zeit für einen weiteren Kontrollpunkt, um zu entscheiden, ob die Zelle sich endlich teilen darf.

Da das Herstellen von DNA aufwendiger ist als das Kontrollieren, ist die G2-Phase kürzer als die G1- bzw. die S-Phase. Beim Fibroblasten dauert sie rund 5 Stunden.

Der DNA-Gehalt der Zelle ist immer noch **2n4c.**

3.1.5 Mitose

Nun teilt sich die Zelle endlich. Wenn man sich anschaut, wie lange sie darauf hingearbeitet hat, ist die Mitose fast schon enttäuschend kurz: Beim Fibroblasten dauert sie nur ca. 1 Stunde. Auch mit der Mitose werden wir uns noch genauer befassen. Merkt euch aber schon mal, dass der DNA-Gehalt nach der Mitose **2n2c** ist. Das entspricht dem DNA Gehalt in der G1-/G0-Phase, was auch passt, denn schließlich tritt die Zelle nach der Teilung wieder in eine dieser Phasen ein.

Übrigens: Auch während der Mitose gibt es einen Kontrollpunkt. Er überwacht unter anderem die Trennung der 2-Chromatid-Chromosomen und wird **Metaphasen-Kontrollpunkt** genannt.

FÜR AHNUNGSLOSE

Warum beträgt der DNA-Gehalt nach der Mitose wieder 2n2c? Bei der Mitose werden die Chromosomen geteilt und jede Tochterzelle bekommt ein Chromatid von jedem Chromosom. Eine Tochterzelle enthält also wieder 2 × 23 = 46 Chromosomen. Da es sich aber nur noch um 1-Chromatid-Chromosomen handelt, ist der DNA-Gehalt nur noch 2n2c.

3

Tab. 3.1 Überblick über den Zellzyklus

Phase	Funktion	Kontrollpunkt	DNA-Gehalt	Dauer beim Fibroblasten
G1 (Gap)	Protein- und RNA-Synthese für Verdopplung der DNA, Wachstumsphase	Ja	2n2c	9 h
S (Synthese)	Verdopplung der DNA		Am Anfang 2n2c, am Ende 2n4c	7 h
G2 (Gap)	Kontrolle der DNA vor Mitose	ja	2n4c	5 h
Mitose	Teilung der Zelle	ja (Metaphasenkontrollpunkt)	Am Anfang 2n4c, am Ende 2n2c	1 h
G0 (Gap)	Gewebsspezifische Aufgaben	nein	2n2c	Bis Zelltod oder Rückkehr in G1-Phase

3

MERKE

Gelegentlich wird auch der Begriff **Interphase** verwendet. Damit bezeichnet man die Phase zwischen (daher der Name) den Zellteilungen. Anders gesagt: G1-, S- und G2-Phase kann man als Interphase zusammenfassen.

3.1.6 Zellzykluskontrolle

Bei all den Kontrollpunkten ist euch sicher schon aufgefallen, dass der Zellzyklus umfangreich reguliert ist. Es gibt zwei Proteinfamilien, die ihr in diesem Zusammenhang kennen solltet – die **Cycline** und die **Cyclin-abhängigen Kinasen (CDKs = Cyclin-Dependent Kinases).** Namensgebend für die Cycline war die Tatsache, dass ihre Konzentrationen sich parallel zum Zellzyklus ändern. Die Cyclin-abhängigen Kinasen interagieren mit den Cyclinen, und da sich die Konzentrationen der Cycline ändern, schwankt auch die Aktivität der CDKs im Verlauf des Zellzyklus.

FÜR AHNUNGSLOSE

Was sind Kinasen? **Kinasen** sind Enzyme, die Phosphatreste auf ihre Substrate übertragen. Ist das nicht Aufgabe der **Phosphorylasen?** Sowohl Kinasen als auch Phosphorylasen übertragen Phosphatgruppen. Der Unterschied liegt in der Herkunft des Phosphats. Phosphorylasen können anorganisches Phosphat übertragen, während Kinasen ein energiereiches Molekül wie etwa das Nucleosidtriphosphat ATP als Phosphatdonor benötigen.

Ihr müsst nicht alle Cycline und CDKs ihren Zellzyklusphasen zuordnen können. Merkt euch aber, dass **CDK1 zusammen mit Cyclin B** für die Einleitung der Mitose wichtig ist und der Komplex dieser Proteine auch M-Phase- bzw. **Mitosis-Promoting Factor (MPF)** genannt wird. Der MPF phosphoryliert zahlreiche Proteine, die in der Mitose eine Rolle spielen, z. B.:

- Mikrotubuli-assoziierte Proteine, die die Bildung der Mitosespindel unterstützen
- Condensine, die an der Verdichtung des Chromatins beteiligt sind
- Lamine, die bei der Auflösung der Kernmembran eine Rolle spielen
- Histone

Die CDKs werden durch die Interaktion mit den Cyclinen aktiviert, können aber auch gehemmt werden. Dafür gibt es in der Zelle Proteine namens **CDK-Inhibitoren (CKI).** Alternativ können die CDKs auch hemmend phosphoryliert oder gar abgebaut werden.

Übrigens: Seit der Entdeckung der ersten Cycline ist diese Proteinfamilie stetig gewachsen, sodass mittlerweile auch Vertreter bekannt sind, die anscheinend nicht an der Regulation des Zellzyklus beteiligt sind.

3.2 Replikation

Die **Replikation** der DNA findet während der S-Phase des Zellzyklus statt. Es gibt einige Parallelen zur Transkription, allerdings ist die Sache hier etwas komplizierter: Da wir nicht nur ein vergleichsweise kurzes Gen kopieren müssen, sondern das gesamte

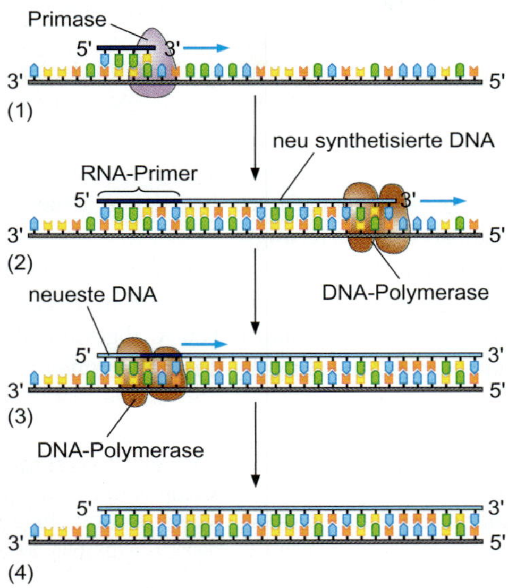

Abb. 3.3 Beginn der DNA-Replikation:
(1) Die Replikation startet mit einem RNA-Primer.
(2) Eine DNA-Polymerase verknüpft DNA-Nucleotide in 5'-3'-Richtung.
(3) Eine andere DNA-Polymerase ersetzt den Primer durch DNA.
(4) Die DNA, die am Ort des ehemaligen Primers sitzt, wird mit dem Rest der neusynthetisierten DNA verbunden und das neue Molekül ist fertig. [L253]

Genom einer Zelle, braucht es in jedem Fall mehrere Enzyme, von denen jedes an einem anderen Ort anfängt zu arbeiten. Diese Orte werden **Origins of Replication (ORI)** genannt – beim Bakteriengenom reicht oft nur ein einzelner ORI (➢ Abb. 3.3).

Das Enzym, das die DNA repliziert, heißt **DNA-Polymerase.** Im Gegensatz zur RNA-Polymerase ist sie aber nicht in der Lage, den DNA-Doppelstrang zu entwinden, besitzt also keine Helicase-Aktivität. Glücklicherweise gibt es aber ein anderes Enzym, das die DNA-Stränge trennen kann, und es heißt passenderweise ... **DNA-Helicase.** Dieses Enzym trennt nun also die Stränge wie einen Reißverschluss. Aufgrund des Aussehens der teilweise getrennten Stränge spricht man auch von **Replikationsgabeln.** Damit die Einzelstränge nicht wieder spontan Wasserstoffbrückenbindungen zueinander ausbilden und sich zusammenlagern (der Fachbegriff dafür lautet **„Annealing“**), gibt es Proteine, die **Single-Stranded Binding Proteins** genannt werden, und die getrennten Stränge stabilisieren.

Es gibt noch einen weiteren Unterschied zwischen DNA- und RNA-Polymerase. Während die RNA-Polymerase sofort anfangen kann, Nucleotide zu einem RNA-Molekül zu verknüpfen, benötigt die DNA-Polymerase eine kurze **RNA-Sequenz (Primer),** um daran anzuknüpfen. Das Enzym, das die Primer synthetisiert, trägt beim Prokaryonten den treffenden Namen **Primase.** Beim Eukaryonten übernimmt die **DNA-Polymerase** α die Synthese der Primer.

Nun gibt es ein kleines Problem: Die Helicase läuft den Doppelstrang in eine Richtung ab und trennt ihn dabei auf. Die DNA-Polymerase kann aber die Nucleotide, wie die RNA-Polymerase auch, nur von 5' nach 3' verknüpfen. Entsprechend kann sie nur an einem Strang der Helicase folgen und kontinuierlich Nucleotide aneinanderhängen. Den Strang, an dem diese kontinuierliche DNA-Synthese erfolgt, bezeichnet man als **Leitstrang** (➢ Abb. 3.4).

Am anderen Strang, dem **Folgestrang,** ist die Sache nicht ganz so einfach: Die DNA-Polymerase kann auch hier nur von 5' nach 3' arbeiten und läuft entgegengesetzt zur Helicase. Folglich stößt sie ziemlich bald auf den noch nicht getrennten DNA-Doppelstrang und kann nicht weiterarbeiten. Die Lösung: Sobald die Helicase weitergewandert ist, wird dort ein Primer synthetisiert und die DNA-Polymerase verbindet so lange Nucleotide, bis sie auf das Fragment trifft, das sie davor synthetisiert hat.

Es entstehen also lauter Fragmente aus DNA, die von den RNA-Primern unterbrochen sind. Man bezeichnet sie auch als **Okazaki-Fragmente.** Beim Eukaryonten sind die Okazaki-Fragmente zwischen 1 000 und 2 000 Nucleotide lang, beim Prokaryonten sind sie kürzer. Zum Abschluss der Replikation werden die Primer entfernt und durch DNA ersetzt. Nun müssen noch sämtliche Fragmente verbunden werden, was Aufgabe der **DNA-Ligase** ist (➢ Abb. 3.4).

Die neu synthetisierten Doppelstränge bestehen also zu einer Hälfte aus neu synthetisierter DNA, zur anderen Hälfte aus dem alten Strang, der bei der Replikation als Matrize gedient hat. Man bezeichnet den Replikationsmechanismus deshalb auch als **semikonservativ.**

Exkurs: Polymerase-Kettenreaktion

Stellt euch vor, ihr seid Forscher und wollt ein Experiment machen, für das ihr große Mengen eines Gens

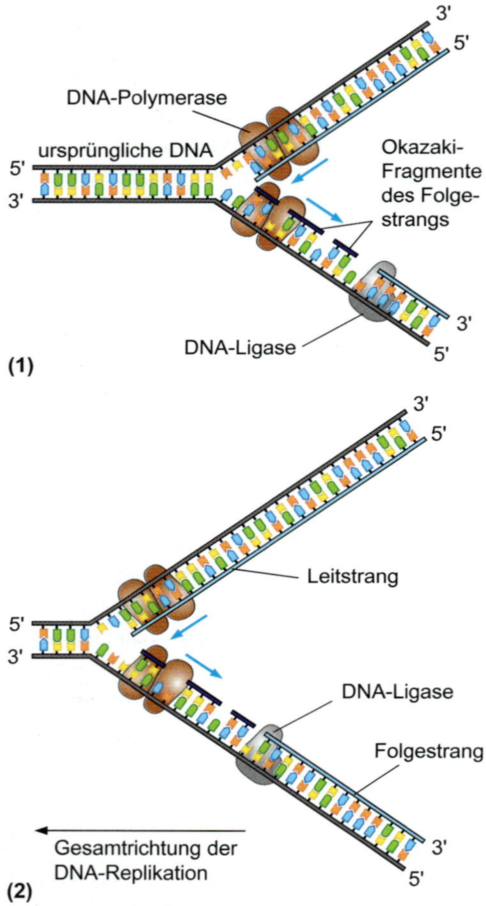

Abb. 3.4 Replikation der DNA am Leit- und Folgestrang: (1) Die DNA-Polymerase verlängert den neuen Strang in 5'-3'-Richtung; der Leitstrang wird dabei durchgehend synthetisiert. Am Folgestrang werden die Okazaki-Fragmente in 5'-3'-Richtung synthetisiert und (2) im Anschluss durch die Ligase verbunden [L253]

aus bestimmten Zellen benötigt. Ihr könntet nun warten, bis sich die Zellen soweit vermehren, dass durch Replikation genug Kopien des Gens entstanden sind. Dabei entstehen natürlich nicht nur Kopien des Gens, für das ihr euch interessiert, sondern das gesamte Genom wird vervielfältigt. Es wäre also viel praktischer, wenn ihr nur das Gen vermehren würdet, an dem ihr auch interessiert seid. Und noch praktischer wäre es, wenn ihr das ganze innerhalb von Stunden machen könntet und nicht tagelang warten müsstet.

Dafür gibt es die **Polymerase Chain Reaction** (PCR) (➤ Abb. 3.5), die wie folgt abläuft:

1. Ihr braucht eine kleine Menge der DNA der Zellen, die ihr untersuchen wollt. Die DNA wird auf rund 95 °C erhitzt, sodass die Wasserstoffbrücken, die den DNA-Doppelstrang zusammenhalten, gelöst werden. Diesen Prozess bezeichnet man als **Denaturierung.**
2. Nun braucht es Primer, die euer Gen binden können. Da dieses Binden aber bei 95 °C unmöglich ist, wird das Ganze auf rund 60 °C abgekühlt, damit es zum **Annealing** der Primer kommt.

! ACHTUNG!

Der Begriff Primer ist hier etwas irreführend, denn es handelt sich nicht wie bei der Replikation um kurze RNA-, sondern um kurze DNA-Sequenzen aus ca. 10–20 Nucleotiden. Diese können synthetisch hergestellt werden und überstehen die Denaturierung.

3. Eine hitzestabile DNA-Polymerase fängt ausgehend von den Primern an, freie Nucleotide (die müsst ihr natürlich vorher zu eurer DNA gegeben haben) zu einem komplementären Strang zu verknüpfen. Diese **Elongation** kann bei ca. 70 °C stattfinden, da die verwendeten Polymerasen aus Bakterien stammen, die in der Nähe von heißen Quellen leben, und die bei diesen Temperaturen ideal arbeiten.

Nun wurde die DNA, bzw. euer Zielgen verdoppelt. Nach einem weiteren Zyklus habt ihr schon vier Kopien, danach acht usw. Die Zahl der Kopien wächst also **exponentiell.** Wenn ihr nicht nur ein Zielgen, sondern die gesamte DNA vervielfältigen wollt, müsst ihr lediglich Primer verwenden, die unspezifisch im gesamten Genom binden.

3.2.1 Telomere

Ihr habt bereits von den **Telomeren** gehört. Bei den Telomeren handelt es sich um repetitive DNA an den Enden der Chromosomen, die die „wichtigen" Bestandteile des Genoms schützt. Warum ist das notwendig? Wie wir wissen, benötigen die DNA-Polymerasen ein freies 3'-OH-Ende (entweder von einem Primer oder von bestehender DNA), um weiter

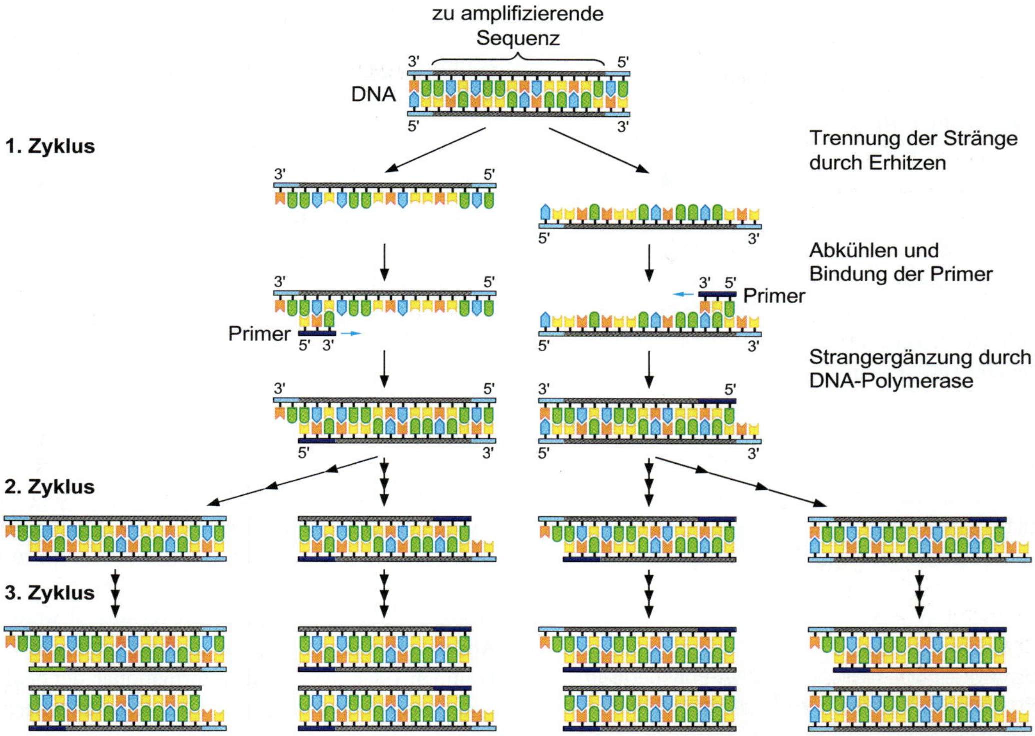

Abb. 3.5 Schema einer PCR [L253]

Nucleotide anzuknüpfen. Wir wissen auch, dass bei der Replikation am Folgestrang mit Primern gearbeitet wird. Stellen wir uns nun das 5'-Ende der Kopie des Folgestrangs vor. An dieser Stelle muss ein Primer sitzen, damit die DNA-Polymerase arbeiten kann. Da Primer aber aus RNA bestehen, muss dieser noch entfernt und durch DNA ersetzt werden. Wird der Primer entfernt, ist aber nur ein 5' Ende an der neu synthetisierten DNA vorhanden, sodass die DNA-Polymerase die entstehende Lücke nicht auffüllen kann. Folglich entstehen bei jeder Replikation Kopien, die um ein paar Basenpaare kürzer sind als die Matrizen. Solange diese Verkürzung nur die Telomere betrifft, ist das kein Problem. Wenn die Telomere aber eine kritische Länge unterschreiten, sodass die codierende DNA beschädigt werden könnte, geht die Zelle in der Regel in die Apoptose. Die Lebensdauer einer Zelle ist sozusagen in der Länge ihrer Telomere vorprogrammiert.

Was ist mit Zellen, die in der Lage sein müssen, sich sehr oft zu teilen, wie denen des Knochenmarks? In diesen Zellen ist ein Enzym namens **Telomerase** aktiv, das die Telomere verlängern kann. Die Telomerase besteht aus einem **Protein-** und einem **RNA-Anteil.** Die RNA der Telomerase enthält eine Sequenz, die komplementär zu der der Telomere ist. Die Telomerase nutzt sie als Matrize und kann auf diese Weise die Telomere synthetisieren bzw. verlängern. Sie schreibt also gewissermaßen von sich selbst ab. Da die Telomerase RNA als Matrize verwendet und DNA herstellt, bezeichnet man sie auch als **RNA-abhängige DNA-Polymerase oder Reverse Transkriptase (RT).**

FÜR AHNUNGSLOSE

RNA-abhängige DNA-Polymerasen nutzen RNA als Vorlage und synthetisieren DNA. Unsere DNA-Polymerasen aus der Replikation sind **DNA-abhängige DNA-Polymerasen,** denn sie nutzen DNA als Matrize, um DNA zu synthetisieren. Wie schaut es mit den Enzymen aus, die unsere mRNAs erstellen? Es sind **DNA-abhängige RNA-Polymerasen.**

Auch in Krebszellen ist die Telomerase aktiv, ansonsten wäre es ihnen nicht möglich, sich so oft zu teilen.

3.2.2 DNA-Polymerasen

An der Replikation der DNA sind bei Pro- und Eukaryonten unterschiedliche Enzyme beteiligt. Ein Beispiel ist die Existenz einer **Primase** im Komplex mit der Helicase bei Prokaryonten, wohingegen sie bei Eukaryonten Teil der DNA-Polymerase α ist. Um die Verwirrung noch zu steigern verfügen auch Prokaryonten über mehrere DNA-Polymerasen, von denen aber nur eine vorwiegend an der DNA-Synthese beteiligt ist. In der folgenden Tabelle erhaltet ihr deshalb einen Überblick über einige der relevanten DNA-Polymerasen. Das bedeutet aber nicht, dass ihr diese Informationen im Detail für eure Klausur parat haben müsst, denn die Funktionen der Enzyme zeigen Überschneidungen und werden gerade bei Eukaryonten noch kontrovers diskutiert.

! ACHTUNG!
Verwechselt bitte nicht die drei **DNA-Polymerasen der Prokaryonten** mit den **RNA-Polymerasen beim Menschen** (die werden schließlich auch durchnummeriert)!

3.2.3 DNA-Reparatur

Bei der Replikation der drei Milliarden Basenpaare unseres Genoms kann natürlich auch der eine oder andere Fehler passieren. Damit aber nicht mit jeder Verdopplung der DNA eine minderwertige Kopie entsteht, besitzen bereits die DNA-Polymerasen die Fähigkeit zum **Korrekturlesen** und beseitigen zumindest einige ihrer Fehler.

Es gibt aber noch eine Vielzahl anderer Reparaturmechanismen. Grundsätzlich ist es für die Zelle natürlich günstig, wenn nur ein Strang Schaden genommen hat, sodass das Reparaturenzym den anderen als Matrize nutzen kann. Das heißt aber nicht, dass die Zelle keine Möglichkeit hat auf einen Doppelstrangbruch zu reagieren. Das Risiko, dass die DNA einen bleibenden Schaden davonträgt ist dann allerdings höher.

Ein gern gefragtes Prinzip ist das der **Exzisionsreparatur** bei Einzelstrangbrüchen:

1. Die veränderte/falsche Base oder gleich das gesamte Nucleotid wird entfernt. Teilweise lassen die Enzyme einen Sicherheitsabstand und schneiden gleich benachbarte Basen mit heraus.
2. Eine DNA-Polymerase synthetisiert die Sequenz neu und nutzt dafür den unbeschädigten Strang als Matrize.
3. Eine DNA-Ligase verbindet das neu synthetisierte Fragment mit dem restlichen Strang (➤ Abb. 3.6).

Der genaue Reparaturmechanismus ist dabei sehr variabel. Manche Enzyme erkennen Änderungen in der Konformation, also Verformungen des DNA-Strangs, die durch falsche Basen verursacht werden. Andere erkennen Basen, die in der DNA nicht vorkommen, oder gleichen die Informationen der beiden Stränge miteinander ab. Auch der Reparaturmecha-

Tab. 3.2 DNA-Polymerasen

Prokaryonten	Eukaryonten
DNA-Polymerase I	DNA-Polymerase α (Primersynthese)
DNA-Polymerase II	DNA-Polymerase β
DNA-Polymerase III (Replikation)	DNA-Polymerase γ (DNA-Synthese in Mitochondrien)
	DNA-Polymerase δ
	DNA-Polymerase ε

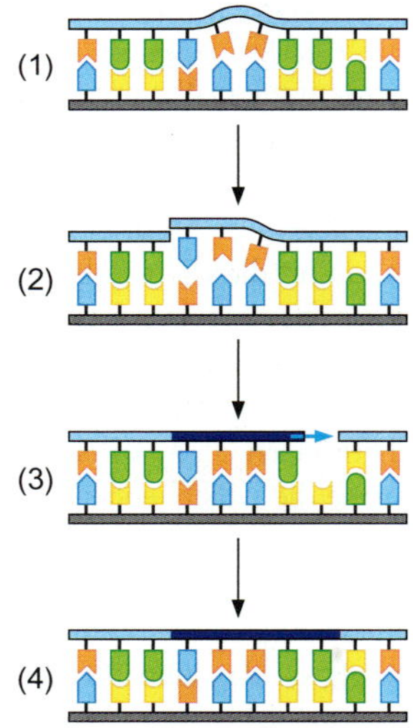

Abb. 3.6 Exzisionsreparatur:
(1) Der Schaden wird erkannt.
(2) Die Nucleotide werden entfernt.
(3) Eine neue komplementäre Nucleotidsequenz wird synthetisiert.
(4) Eine DNA-Ligase verbindet die neue Sequenz mit dem restlichen Strang. [L253]

nismus selbst ist nicht immer gleich: Bei der **Basenexzisionsreparatur** werden nur Basen, bei der **Nucleotidexzisionsreparatur** gesamte Nucleotide entfernt. Eventuell müsst ihr euch im Rahmen der Biochemie detaillierter mit diesem Thema befassen, für die Biologie sollten diese Informationen aber genügen.

Übrigens: Ihr seht, wie wichtig die DNA-Ligase für die Replikation und Reparatur unserer DNA ist. Haben Patienten Probleme, funktionstüchtige DNA-Ligase zu bilden (etwa durch eine Mutation), spricht man von DNA Ligase I Deficiency. Betroffene Personen fallen durch eine Immunschwäche und erhöhte Sensibilität gegenüber Mutagenen auf.

3.3 Mitose

Nachdem die DNA repliziert und in der G2-Phase für fehlerfrei befunden wurde, kommt es im Anschluss zur Zellteilung, mit der wir uns nun genauer befassen wollen.

Im Fokus steht dabei zunächst die Teilung des Nucleus und danach werfen wir einen Blick auf die Teilung der gesamten Zelle **(Zytokinese).**

Die Mitose wird, wie auch der Zellzyklus, in mehrere Phasen gegliedert.

LERNTIPP

Prägt euch am besten schon mal die Namen der Mitosephasen in der richtigen Reihenfolge ein:
I pass **m**y **a**natomy **t**est!
Interphase, **P**rophase, **M**etaphase, **A**naphase, **T**elophase
Die **Interphase** gehört dabei nicht zur eigentlichen Mitose (sie kommt davor und danach), macht aber die Eselsbrücke möglich.

3.3.1 Prophase

Um euch zu merken, was in der Mitose passiert, müsst ihr euch fragen: Was würdet ihr tun, wenn ihr die Zelle wärt und euch teilen müsstet?

Das Folgende passiert in der **Prophase** (> Abb. 3.7) der Mitose:

- **Verdichtung der Chromosomen:** Nur wenn die DNA kondensiert, kann sie gut zu den Zellpolen gezogen werden!
- **Teilung der Zentriolen:** Wenn beide Zentriolen zusammen irgendwo im Zytoplasma herumschwimmen, sind sie bei der Kernteilung keine große Hilfe. Deshalb wandern sie als erstes zu den Zellpolen.
- **Auflösung des Nucleolus:** Der Nucleolus „verschwindet" im Rahmen der Prophase. Er wird erst wieder wichtig, wenn die Tochterzellen entstanden sind und neue Proteine synthetisieren wollen.

3.3.2 Prometaphase

Viele Lehrbücher unterscheiden zwischen Pro- und Metaphase noch eine **Prometaphase** (> Abb. 3.8).

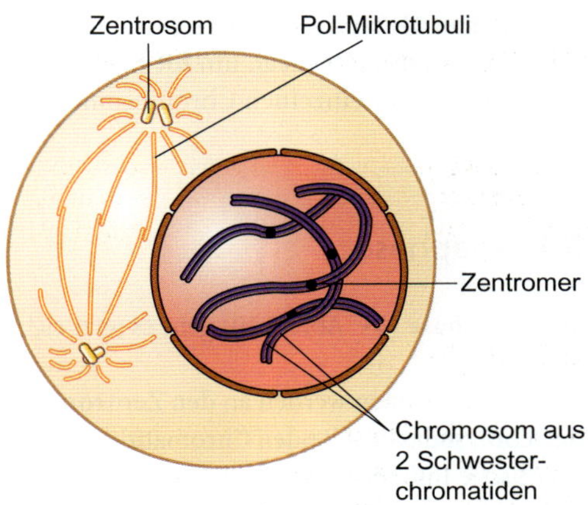

Abb. 3.7 Mitose – Prophase [L253]

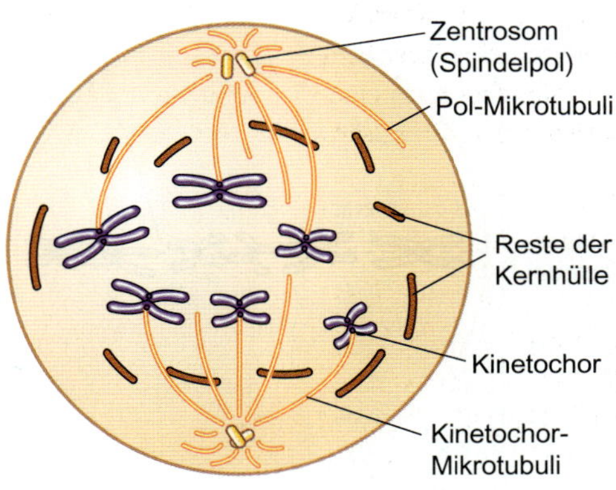

Abb. 3.8 Mitose – Prometaphase [L253]

Dabei werden die Vorgänge, die in der Prophase begonnen wurden, weitergeführt:

- Von den Zentriolen ausgehend entsteht die **Mitosespindel.**
- Die Kernmembran löst sich auf (sonst könnte der Spindelapparat schließlich nicht an die Chromosomen binden).

3.3.3 Metaphase

In der **Metaphase** (➢ Abb. 3.9) sind die Vorbereitungen abgeschlossen:

- Die Zentriolen sind an den Zellpolen angelangt, der Spindelapparat ist fertig ausgebildet und mit den Kinetochoren der maximal kondensierten Chromosomen verbunden.
- Die Chromosomen ordnen sich in einer Form an, die man **Metaphasenplatte** nennt. Ihr seht: Diese Anordnung ist ideal, um die Schwesterchromatiden der einzelnen Chromosomen zu trennen.

3.3.4 Anaphase

In der **Anaphase** (➢ Abb. 3.10) geht es jetzt richtig los:

- Die Chromosomen werden an den **Zentromeren** getrennt, sodass die beiden Chromatiden (die ja identische Informationen enthalten) zu den Zellpolen gezogen werden können.

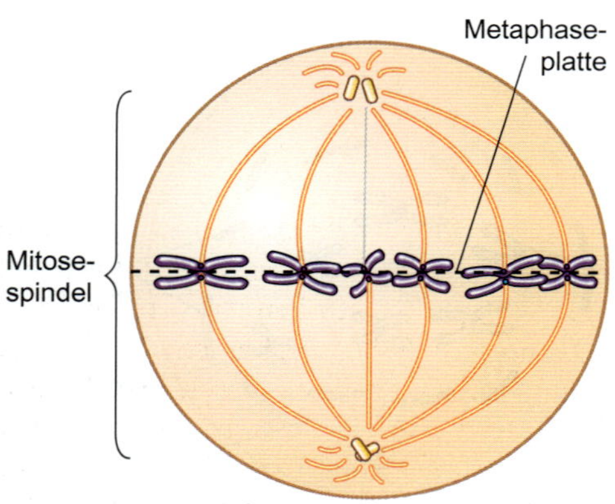

Abb. 3.9 Mitose – Metaphase [L253]

- Die Bewegung der Chromosomen zu den Zellpolen ist eine Kombination aus der Verkürzung der Mikrotubuli der Mitosespindel und der Arbeit der Motorproteine am Kinetochor. Andere Mikrotubuli werden dagegen verlängert und verschoben, sodass sie auf diese Weise dafür sorgen, dass sich die Zellpole weiter voneinander entfernen.

3.3.5 Telophase

In der **Telophase** gilt es nun, die Tochterzellen einsatzbereit zu machen (➢ Abb. 3.11). Die DNA muss geschützt werden und die Zelle beginnt mit den Vorbereitungen, um die Proteinbiosynthese wieder aufnehmen zu können:

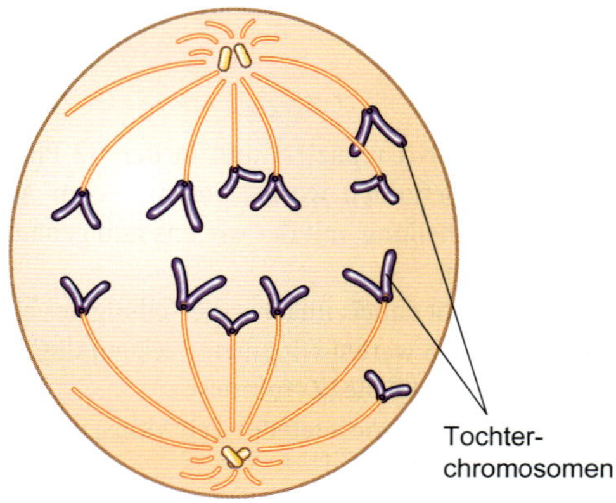

Abb. 3.10 Mitose – Anaphase [L253]

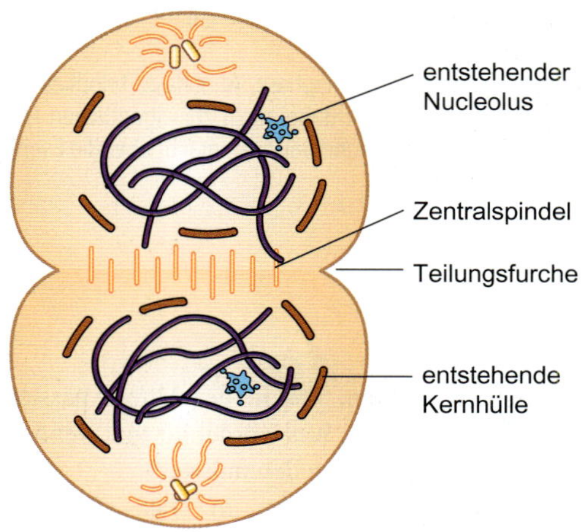

Abb. 3.11 Mitose – Telophase [L253]

- Die Mitosespindel löst sich auf.
- Die Kernhüllen setzen sich wieder zusammen. Es wird angenommen, dass hierfür besonders Lamin B wichtig ist.
- Die Chromosomen dekondensieren, denn an stark verdichteter DNA können die Enzyme (z. B. die RNA-Polymerasen) natürlich nicht arbeiten.
- Der Nucleolus formiert sich wieder: Die Zelle braucht neue rRNA für ihre Ribosomen.

3.3.6 Zytokinese

Bisher haben wir uns auf die Teilung des Kerns beschränkt, aber jetzt ist es Zeit einen Blick auf die **Zytokinese,** die Teilung des Zytoplasmas, zu werfen.

! ACHTUNG!
Die Zytokinese ist nicht etwa ein weiterer Schritt der Mitose, sondern beginnt bereits in der Telophase. Schließlich will man den Zeitraum, in dem sich die Zelle mit der Teilung beschäftigt und keine Proteine synthetisieren kann, möglichst kurz halten.

Um die Zelle zu teilen, bildet sich ungefähr dort, wo vorher die Metaphasenplatte war, ein kontraktiler Ring. Wann immer in der Zellbiologie von „**kontraktil**" die Rede ist, kann man darauf wetten, dass Aktin- und Myosin-Filamente beteiligt sind – so auch bei der Zytokinese.

Diese Filamente gleiten nun aneinander vorbei, sodass eine Furche entsteht, die immer tiefer wird, bis sich die zwei Tochterzellen voneinander abschnüren.

Übrigens: Der Mitosis-Promoting Factor, der die Mitose einleitet, zögert gleichzeitig die Zytokinese hinaus, indem er einige Stellen am Myosin phosphoryliert. Auf diese Weise wird sichergestellt, dass die Teilung des Zytoplasmas nicht bereits beginnt, bevor der Kern die Chance hat, sich zu teilen.

FÜR DIE KLAUSUR
Gelegentlich wird nach dem Mitoseindex (MI) gefragt. Um diesen zu berechnen teilt man einfach die Zahl der Zellen, die sich in einem histologischen Präparat (z. B. Tumorgewebe) gerade teilen, durch die Gesamtzahl der Zellen. Der Mitoseindex kann dann als Indikator für die Malignität eines Tumors genutzt werden.

3.3.7 Sonderfälle

Manche Zellen in unserem Körper werden besonders beansprucht. Deshalb verfolgen sie, neben der normalen Mitose, auch noch andere Strategien, um ihren Anforderungen gerecht werden zu können:

- **Endomitose:** Bei einer Endomitose kommt es zwar zu einer Verdopplung der DNA, aber nicht zu einer Zellteilung (die Chromatiden können sich trotzdem voneinander trennen). Es entstehen Zellen mit mehreren Chromosomensätzen. Sie sind nun nicht mehr diploid, sondern **polyploid.**

FÜR AHNUNGSLOSE
Warum sollte eine Zelle noch mehr Kopien der Chromosomen brauchen? Zum Beispiel weil sie enorme Syntheseleistungen erbringen muss, in Kontakt mit **Mutagenen** kommt (also das Risiko eines DNA-Schadens hoch ist) oder die Zelle sehr teilungsaktiv ist und ein Schaden eine Vielzahl von Nachkommen beeinträchtigen würde. Das heißt aber nicht, dass alle teilungsaktiven Zellen polyploid sind!

- **Synzytien:** Ein Synzytium im engeren Sinne ist eine Zelle mit mehreren Kernen, die entsteht, indem einige Einzelzellen miteinander fusionieren. Ein Beispiel sind die Muskelfasern unserer Skelettmuskulatur. Diese **echten Synzytien** muss man von **funktionellen Synzytien** unterscheiden. Dabei handelt es sich um Zellen die zwar durch ihre Membranen voneinander getrennt, aber **durch Gap Junctions** (➤ Kapitel 1.6.1) verbunden sind. Da Gap Junctions Zellen elektrisch und metabolisch verbinden, verhalten sie sich quasi wie eine große Zelle.

3.4 Meiose

Euch ist sicherlich aufgefallen, dass die Zellen während der Mitose dauerhaft einen diploiden Chromosomensatz (2n) beibehalten. Und wie wir wissen, müssen zwei Zellen, Spermium und Eizelle, miteinander verschmelzen, damit der Mensch Nachkommen hervorbringen kann. Wenn nun zwei diploide Zellen miteinander verschmelzen, wären diese Nachkommen plötzlich **tetraploid.** Deren Nachkommen wären dann **oktaploid** usw. bis wir unter

3

der immer größer werdenden Masse unseres Erbguts zerquetscht würden.

Damit uns dieses Schicksal erspart bleibt, entstehen in den Hoden und Eierstöcken des Menschen aus diploiden Zellen die **haploiden Keimzellen (Gameten),** also Eizellen und Spermien. Verschmelzen diese bei der Befruchtung, entsteht wieder eine diploide Zelle (**Zygote**), aus der sich der neue Mensch entwickelt. Die Erzeugung dieser Keimzellen ist Aufgabe der **Meiose,** die natürlich nur in den genannten Geweben stattfindet (➢ Abb. 3.12).

Vor der Meiose kommt es ebenfalls zur Verdopplung der DNA (der DNA-Gehalt ist also **2n4c),** sodass die Ausgangssituation quasi die gleiche wie zu Beginn der Mitose ist.

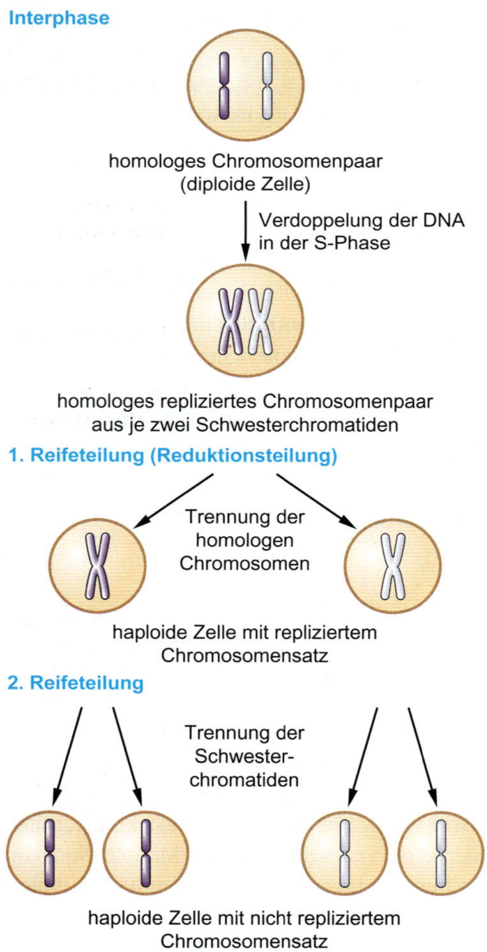

Abb. 3.12 Prinzip der Meiose [L253]

3.4.1 1. Reifeteilung

Der erste Teil der Meiose unterscheidet sich deutlich von der Mitose. Bevor wir uns in Details verlieren, solltet ihr euch schon mal die wichtigste Take-Home Message einprägen.

MERKE

In der 1. Reifeteilung werden die Chromatiden nicht getrennt, sondern die Chromosomen werden als Ganzes zu den Zellpolen gezogen. Der DNA-Gehalt der Tochterzellen beträgt **1n2c.**

1. **Prophase I:** Die Prophase I der 1. Reifeteilung (➢ Abb. 3.13) ist vergleichsweise komplex – sogar so komplex, dass sie in mehrere Stadien eingeteilt wird. In der Regel reicht es, die Namen der Stadien in der richtigen Reihenfolge angeben zu können, ohne ihnen den genauen Vorgang zuordnen zu müssen.

LERNTIPP

Die obligatorische Eselsbrücke zur 1. Reifeteilung:
Liebe **Z**elle, **p**aare **d**ich **d**och – **L**eptotän, **Z**ygotän, **P**achytän, **D**iplotän, **D**iakinese

Wie bei der Mitose auch kommt es zunächst zur Verdichtung der DNA. Nun passiert aber etwas Seltsames: Die homologen Chromosomen lagern sich zusammen, sodass nun plötzlich nicht mehr 46 2-Chromatid-Chromosomen vorliegen, son-

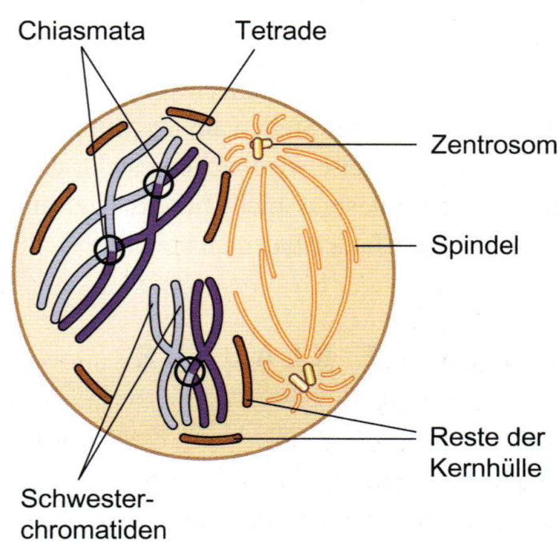

Abb. 3.13 Meiose – Prophase I [L253]

dern 23 **Bivalente** bzw. **Tetraden,** also Strukturen aus vier Chromatiden. Die Chromosomen sind dabei durch den sogenannten **Synaptonemalkomplex** verbunden. Im Rahmen dieser Anordnung kann es sogar dazu kommen, dass die Chromosomen eines Paares Teile ihrer Erbinformation austauschen, was als **Crossing Over** bezeichnet wird.

FÜR AHNUNGSLOSE

Inwiefern ist ein Austausch von genetischer Information zwischen den homologen Chromosomen sinnvoll? Zur Erinnerung: Ein homologes Chromosomenpaar besteht aus einem mütterlichen und einem väterlichen Chromosom. Indem man Elemente von beiden Chromosomen miteinander mischt, entstehen neue Chromosomen, die Komponenten von beiden Elternteilen enthalten. Auf diese Weise entstehen neue Kombinationen von Merkmalen und die **genetische Vielfalt** steigt, was für das Überleben einer Spezies wichtig ist.

Im Anschluss gibt es einen Unterschied zwischen **Oogenese** (der Bildung der Eizellen) und **Spermatogenese** (der Bildung der Spermien): Die Bildung der Eizellen kann nach dem Crossing Over in ein Ruhestadium eintreten, indem die Eizellvorläufer solange verharren, bis sie benötigt werden. Die Entstehung der Spermien läuft dagegen weiter.
Zum Abschluss der Prophase I löst sich, wie bei der Mitose, die Kernmembran auf und der Nucleolus verschwindet.

MERKE

Zwei Stadien der Prophase I solltet ihr mit den relevanten Vorgängen in Verbindung bringen können:
- Im **Pachytän** kommt es zum Crossing Over.
- Das Ruhestadium der Oogenese wird als **Diktyotän** bezeichnet.

2. **Metaphase I:** Wie bei der Mitose ordnen sich die Chromosomen in der Metaphasenplatte an und die Mikrotubuli der Mitosespindel binden an die Kinetochore (➤ Abb. 3.14).
3. **Anaphase I:** In der Anaphase kommt es zu einem weiteren wichtigen Unterschied zur normalen Mitose (➤ Abb. 3.15). Es findet nämlich keine Trennung der Chromatiden eines Chromosoms am Zentromer statt, sondern die **homologen Chromosomenpaare** werden getrennt. Beispielsweise wird die väterliche Version von Chromosom 19 zu einen Zellpol, und die mütterliche Version zum anderen Zellpol gezogen. Jedes Chromosom besteht also immer noch aus zwei Chromatiden, aber jede Tochterzelle erhält eben nur 23 statt 46 Chromosomen. Die Verteilung der Chromosomen auf die Tochterzellen erfolgt zufällig, sodass die Zelle, die das mütterliche Chromosom 19 erhalten hat, sowohl das mütterliche als auch das väterliche Chromosom 20 bekommen kann. Da der Chromosomensatz der Tochterzellen nur noch **haploid** ist, bezeichnet man die 1. Reifeteilung auch als **Reduktionsteilung.**

MERKE

Während der 1. Reifeteilung **bleiben die Schwesterchromatiden zusammen!**

4. **Telophase I:** Wie in der Mitose setzt sich die Kernhülle wieder zusammen (➤ Abb. 3.16). Parallel dazu kommt es zur **Zytokinese,** sodass sich die zwei Tochterzellen trennen.

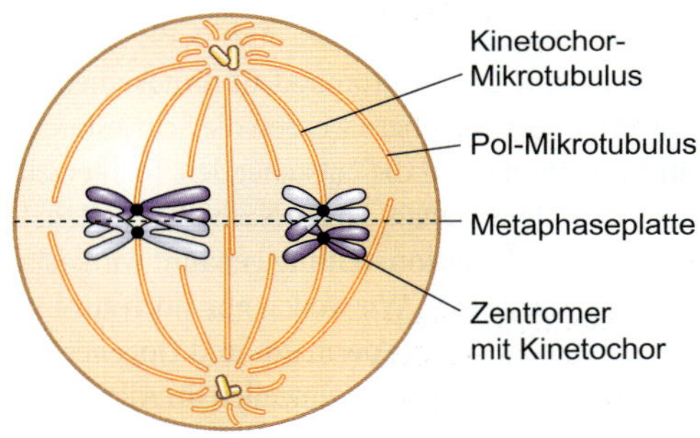

Abb. 3.14 Meiose – Metaphase I [L253]

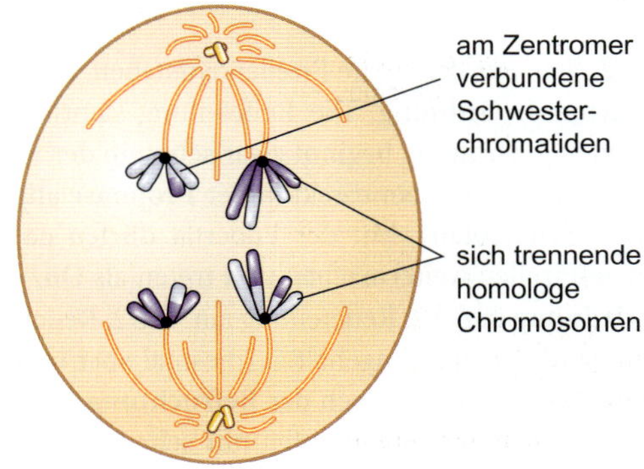

Abb. 3.15 Meiose – Anaphase I [L253]

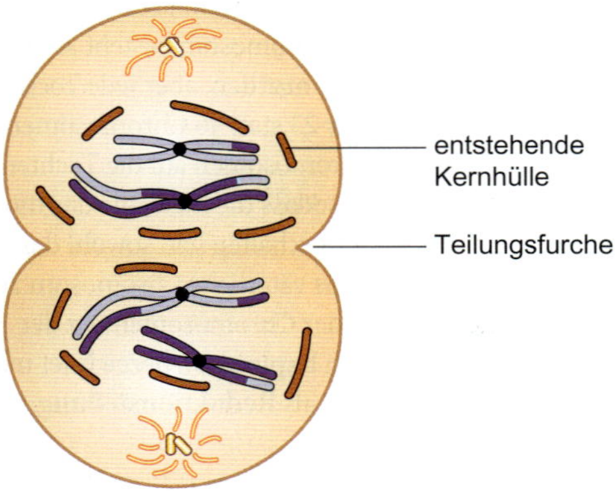

Abb. 3.16 Meiose – Telophase I [L253]

3.4.2 2. Reifeteilung

Auf die 1. Reifeteilung folgt die 2. Reifeteilung, ohne dass die DNA noch einmal verdoppelt wird. Die 2. Reifeteilung läuft dabei genauso ab wie eine normale Mitose (➤ Abb. 3.17, Abb. 3.18, Abb. 3.19, Abb. 3.20) (nur eben mit 23 2-Chromatid-Chromosomen und nicht 46). In der Anaphase werden die Schwesterchromatiden getrennt und die entstehenden Tochterzellen haben den DNA-Gehalt **1n1c.** Nach der 2. Reifeteilung, die auch **Äquationsteilung** genannt wird, ist die Meiose abgeschlossen. Wir wollen nun noch auf einige Unterschiede zwischen Spermato- und Oogenese eingehen. Die Erzeugung der Keimzellen im Allgemeinen wird übrigens **Gametogenese** genannt.

3.4.3 Oogenese

Die Zellen, aus denen die Eizellen entstehen, heißen **Oozyten 1. Ordnung.** Die Reifeteilung sämtlicher Oozyten 1. Ordnung beginnt zwar schon in der Embryonalzeit, wird aber direkt in der **Prophase** angehalten (Diktyotän). Mit der Pubertät dürfen dann einige Eizellen weitermachen und treten als **Oozyte 2. Ordnung** in die 2. Reifeteilung ein. Die 2. Reifeteilung wird ebenfalls angehalten (diesmal aber in der **Metaphase**) und erst **nach der Befruchtung** vollendet. Entsprechend durchlaufen nur sehr wenige Eizellen tatsächlich die komplette Meiose (➤ Abb. 3.21).

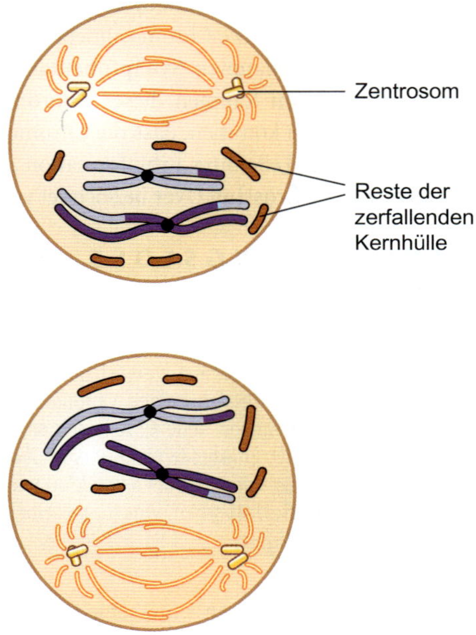

Abb. 3.17 Meiose – Prophase II [L253]

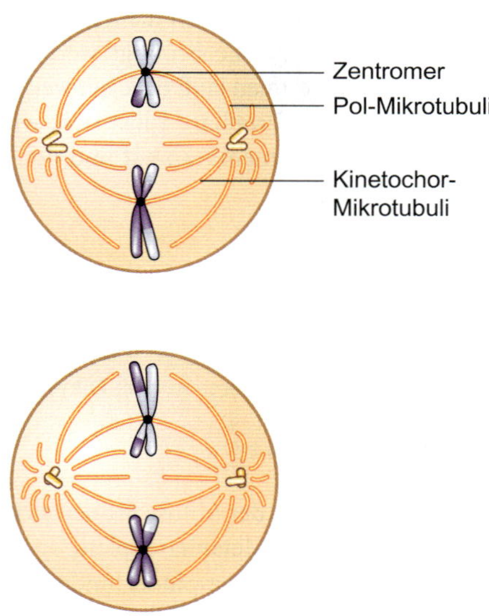

Abb. 3.18 Meiose – Metaphase II [L253]

Ein weitere Besonderheit der Oogenese: Normalerweise müssten aus einer Zelle bei zwei Reifeteilungen 4 Zellen entstehen. Bei der Oogenese entsteht jedoch nur eine Zelle. Die übrigen drei Tochterzellen degenerieren und werden zu **Polkörpern.**

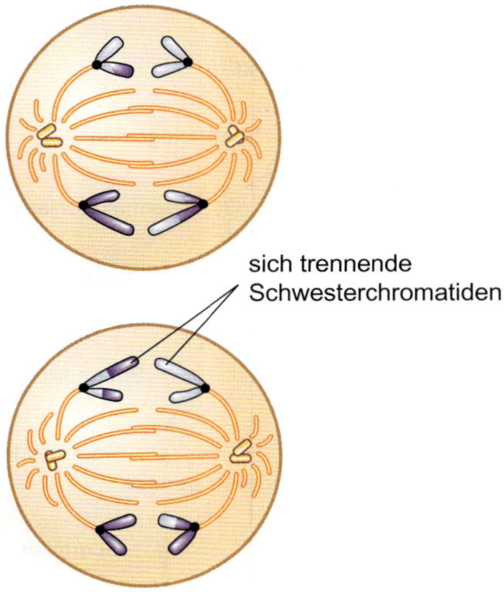

Abb. 3.19 Meiose – Anaphase II [L253]

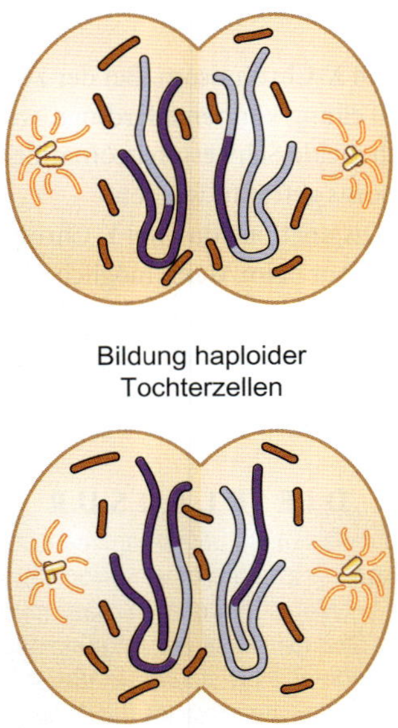

Abb. 3.20 Meiose – Telophase II [L253]

3.4.4 Spermatogenese

Die Zellen, die in die Spermatogenese eintreten, heißen, analog zur Oogenese, **Spermatozyten 1. Ordnung.** Die Produkte der 1. Reifeteilung werden **Spermatozyten 2. Ordnung** genannt, denn sie treten in die 2. Reifeteilung ein. Anders als bei der Oogenese entstehen aus einem Spermatozyten 1. Ordnung tatsächlich **vier Spermatiden** (➤ Abb. 3.21).

FÜR AHNUNGSLOSE

Sind Spermatiden und Spermien das Gleiche? Nein, die Spermatiden reifen in den Hoden zu Spermien heran.

Die wichtigsten Strukturen der reifen Spermien solltet ihr kennen:

- **Kopf:** Der Kopf des Spermiums enthält den haploiden Chromosomensatz und das **Akrosom** (eine Art Lysosom), das das Durchdringen der **Zona pellucida** der Eizelle ermöglicht.
- **Mittelstück:** Im Mittelstück finden sich viele **Mitochondrien,** die ATP produzieren und so den Energiebedarf für die Fortbewegung des Spermiums decken.
- **Schwanzteil:** Im Schwanz des Spermiums finden sich **Mikrotubuli,** die dessen Fortbewegung ermöglichen.

Die Reifung der Spermien endet übrigens erst im weiblichen Genitaltrakt mit einem Vorgang, der **Kapazitation** genannt wird. Bei diesem Prozess wird der Glykoproteinüberzug vom Kopf entfernt und einige Proteine werden aktiviert, was die Verschmelzung von Ei- und Samenzelle ermöglicht.

Zum Abschluss noch ein schon einmal gefragter Fakt: Tritt während der Bildung der Keimzellen eine Mutation auf, betrifft diese nur die Nachkommen dieser Vorläuferzelle und nicht zwingend alle fertigen Keimzellen. Es entsteht ein sogenanntes **Keimzellmosaik** aus mutierten und nicht-mutierten Keimzellen.

3.5 Chromosomenaberrationen

Wie überall in der Natur, kann auch bei der Meiose etwas schief laufen. Probleme bei der Meiose können z. B. dazu führen, dass die Nachkommen, die aus fehlerhaften Eizellen/Spermien hervorgehen, nicht 23 Chromosomenpaare besitzen, sondern dass von manchen Chromosomen mehr oder weniger Kopien vorhanden sind. Besitzt eine Zelle einen normalen diploiden Chromosomensatz (23 homologe Chromosomenpaare), bezeichnet man sie als **euploid.** Gibt es in einer Zelle zu

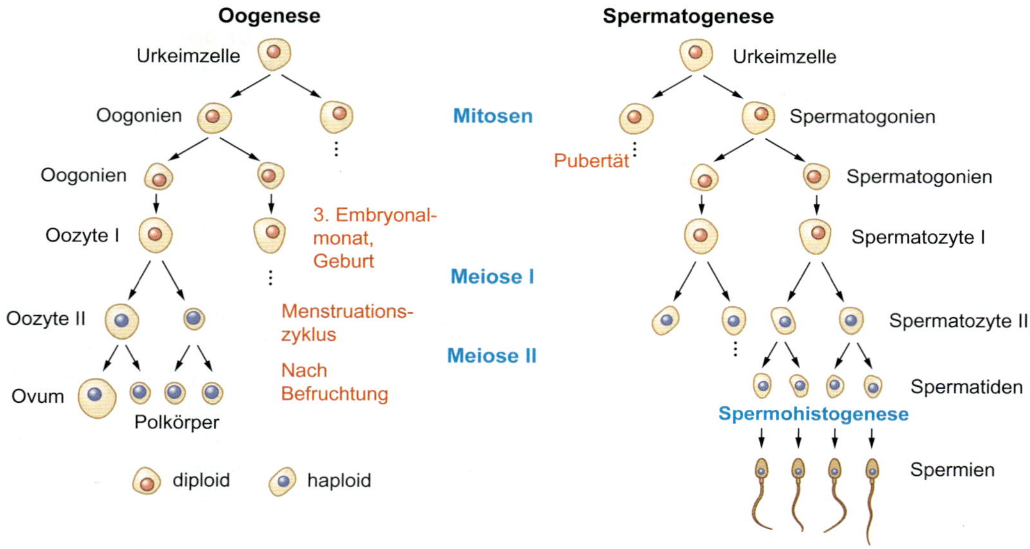

Abb. 3.21 Schematischer Ablauf von Oogenese und Spermatogenese [L253]

wenige oder zu viele Chromosomen, spricht man von einer **Aneuploidie** oder **numerischen Chromosomenaberration.** Schäden und Veränderungen an den Chromosomen selbst werden als **strukturelle Chromosomenaberrationen** bezeichnet.

3.5.1 Non-Disjunction

Eine häufige Ursache für Aneuploidien stellen **Non-Disjunctions,** also Fehl- oder Nichttrennungen der Chromosomen, während der Meiose dar.

Diese Nichttrennungen können prinzipiell bei beiden meiotischen Teilungen auftreten und sowohl Spermato- als auch Oogenese betreffen. Entweder schaffen es in der ersten meiotischen Teilung die homologen Chromosomen nicht, sich nach dem Crossing Over zu trennen und zu unterschiedlichen Zellpolen zu wandern, oder es kommt nicht zur Trennung der Schwesterchromatiden im Rahmen der zweiten meiotischen Teilung. Das Ganze ist soweit eigentlich einfach, aber manchmal versucht das Prüfungsamt, euch mit Fragen zu den Geschlechtschromosomen ein bisschen aufs Glatteis zu führen:

- Eine Non-Disjunction von zwei X-Chromosomen ist während der ersten meiotischen Teilung beim Mann unmöglich, denn der Mann besitzt schließlich nur ein X-Chromosom. Bei der zweiten meiotischen Teilung können allerdings, wie bei der Frau auch, beide Schwesterchromatiden des X-Chromosoms getrennt werden.
- Die Non-Disjunction von zwei Y-Chromosomen ist dagegen nur beim Mann möglich und zwar nur während der zweiten meiotischen Teilung. Denn nur dort werden beim Mann die zwei Schwesterchromatiden des Y-Chromosoms getrennt.

FÜR DIE KLAUSUR

Gerade in mündlichen Prüfungen wird manchmal gefragt, ob das Risiko einer chromosomalen Non-Disjunction bei Frauen oder bei Männern größer ist. Dazu müsst ihr euch klar machen, dass die Oogenese aufgrund der „Pausen" (Diktyotän) mehrere Jahre dauert. In dieser langen Zeit kann viel passieren und so steigt das Risiko einer Non-Disjunction bei Frauen mit dem Alter an.

3.5.2 Numerische Chromosomenaberrationen

Im Zuge einer Non-Disjunction kommt es nun also zu einer Aneuploidie. Viele Aneuploidien sind dabei nicht mit dem Leben vereinbar, sodass für diese Er-

Tab. 3.3 Numerische Chromosomenaberrationen

Name	Aberration	Symptome (Auswahl)
Pätau-Syndrom	Trisomie von Chromosom 13	• Hohe Sterblichkeit • Organfehlbildungen
Edwards-Syndrom	Trisomie von Chromosom 18	• Hohe Sterblichkeit • Organfehlbildungen
Down-Syndrom	Trisomie von Chromosom 21	• Geistige Behinderung • Organfehlbildungen (Herzfehler etc.)
Turner-Syndrom/Monosomie X	Monosomie (nur ein X-Chromosom vorhanden)	• Weiblicher Phänotyp • Stranggonaden • Minderwuchs
Triple-X-Syndrom	Gonosomale Trisomie (drei X-Chromosomen)	• Weiblicher Phänotyp • Gegebenenfalls eingeschränkte Fruchtbarkeit • Häufig Lernbehinderungen
Klinefelter-Syndrom	Gonosomale Trisomie (XXY)	• Männlicher Phänotyp • Überdurchschnittliche Größe, lange Gliedmaßen • Hypogonadismus
XYY-Syndrom	Gonosomale Trisomie (XYY)	• Überdurchschnittliche Größe • Diverse kleinere Auffälligkeiten

krankungen gar kein Phänotyp beschrieben ist. Für das Physikum solltet ihr sowohl einige **Trisomien** kennen, bei denen drei statt zwei Kopien eines Chromosoms vorliegen, sowie eine wichtige **Monosomie,** bei der es nur eine Kopie gibt.

LERNTIPP

Amerikanische Studenten nutzen das Alter bei bestimmten Lebensereignissen, um sich die autosomalen Trisomien zu merken:
Puberty (**P**ätau) = 13
Election (**E**dwards) = 18
Drinks (**D**own) = 21

FÜR AHNUNGSLOSE

Kann eine numerische Chromosomenaberration auch nur einen Teil der Körperzellen betreffen? Ja, das ist möglich, allerdings nicht, wenn die ursächliche Non-Disjunction während der Meiose stattfindet. Stattdessen muss bei einer der ersten Teilungen nach dem Verschmelzen von Spermium und Eizelle zur Zygote etwas schiefgehen. Die Nachkommen der Zelle mit der Aneuploidie haben dann alle ebenfalls eine Aneuploidie. Das Vorliegen mehrerer Karyotypen in einem Organismus bezeichnet man als **Mosaik.**

Übrigens: Stammen bei einem Individuum aus welchem Grund auch immer beide Chromosomen eines Chromosomenpaares vom gleichen Elternteil, spricht man von einer uniparentalen Disomie. Diese kann insbesondere im Zusammenhang mit Imprinting (➤ Kapitel 4.2.6) zu einem Problem werden.

3.5.3 Strukturelle Chromosomenaberrationen

Eine **strukturelle Chromosomenaberration** entsteht, wenn es zu einem Bruch des Chromosoms kommt und es bei der anschließenden Reparatur nicht gelingt, den Ausgangszustand wiederherzustellen. Im Karyogramm lassen sich strukturelle Chromosomenaberrationen in der Regel nur mittels bestimmter Färbungen bzw. **Fluorescence in situ Hybridization** (FISH) nachweisen (➤ Abb. 3.22). Ihr solltet einige allgemeine Aberrationen und die jeweils genannten Beispiele kennen:

- **Deletionen:** Bei der Deletion geht ein Fragment des Chromosoms verloren. Neben der terminalen Deletion, die die Enden des Chromosoms betrifft, kann es auch dazu kommen, dass ein Fragment im Inneren der Deletion zum Opfer fällt. Dabei bricht das Chromosom in drei Teile und nur die beiden äußeren werden verknüpft.

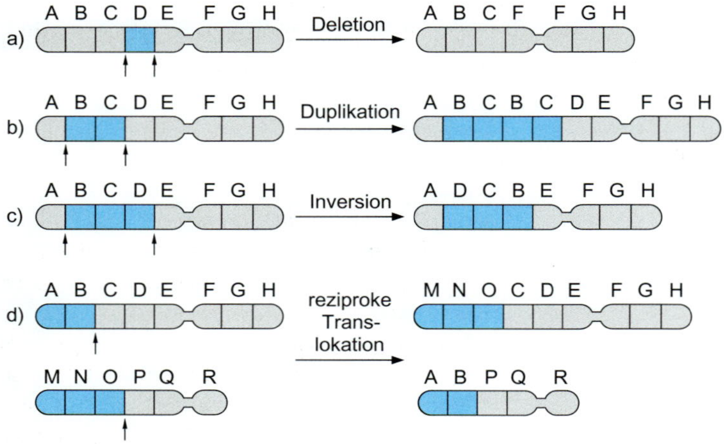

Abb. 3.22 Strukturelle Chromosomenaberrationen [L253]

FÜR DIE KLAUSUR

Gern gefragt wird nach dem **Cri-du-chat-(Katzenschrei-)Syndrom,** das durch eine Deletion am kurzen Arm (p) von Chromosom 5 hervorgerufen wird. Namensgebend sind katzenschreiartige Laute, die die Betroffenen vor allem in den frühen Lebensjahren von sich geben.

- **Duplikation:** Zu einer Duplikation kommt es bei einem fehlerhaften Crossing Over, oder wenn ein Fragment eines Chromosoms fälschlicherweise im anderen Chromosom des homologen Chromosomenpaares eingebaut wird. Die betroffene Erbinformation liegt dann auf einem Chromosom doppelt vor, während sie auf dem anderen fehlt.
- **Inversion:** Bei einer Inversion wird ein Chromosomenfragment zwar wieder in das richtige Chromosom eingebaut – allerdings falsch herum, also um 180° gedreht. Da dabei nicht zwingend genetische Information verloren geht, verlaufen Inversionen sogar oftmals unbemerkt. Man unterscheidet Inversionen, bei denen sich beide Bruchstellen auf einer Seite des Zentromers befinden **(parazentrisch)** von Inversionen, bei denen das Fragment das Zentromer enthält **(perizentrisch).**
- **Translokation:** Bei Translokationen werden Fragmente von einem Chromosom auf ein anderes oder auf eine andere Stelle am selben Chromosom übertragen. Genau wie die Inversion kann diese Aberration symptomlos bleiben, es sind jedoch auch schwerste Phänotypen möglich. Die **reziproke Translokation** klingt vergleichsweise fair: Dabei tauschen zwei Chromosomen (die aber nicht zu einem homologen Chromosomenpaar gehören) Fragmente aus.
  Bei der **nichtreziproken Translokation** wird dagegen nur von einem Chromosom ein Fragment auf ein anderes Übertragen.
  Zu guter Letzt solltet ihr auch die **Robertson-Translokation** kennen. Dabei verlieren zwei akrozentrische Chromosomen ihre kurzen Arme und fusionieren zu einem metazentrischen Chromosom. Träger einer Robertson Translokation haben also nur 45 Chromosomen. Auch diese Aberration kann unauffällig bleiben, es besteht allerdings die Gefahr, dass es bei den **Nachkommen zu Trisomien oder Monosomien** kommt.

Exkurs: X-Inaktivierung

Wir wissen, dass Männer ein X- und ein Y-Chromosom besitzen, während Frauen über zwei X-Chromosomen verfügen. Durch die zwei, verglichen mit dem Y-Chromosom, sehr großen X-Chromosomen, besitzt die Frau sehr viel mehr genetisches Material. Die These, dass diese höhere Gendosis ausgeglichen werden muss, wird **Lyon-Hypothese** genannt. Das Ganze geschieht, indem eines der beiden **X-Chromosomen inaktiviert** wird. Das X-Chromosom, das inaktiviert werden soll, wird dabei zufällig ausgewählt. „Inaktivierung" bedeutet, dass das X-Chromosom durch epigenetische Modifikationen als Heterochromatin eng verpackt wird. Die RNA, die für die Inaktivierung des überschüssigen X-Chromosoms zuständig ist, heißt **Xist (X inactive specific transcript).**

Das inaktivierte X-Chromosom wird als **Barr-Körperchen** im Zellkern sichtbar. Besonders gut lässt es sich mit dem Lichtmikroskop in Granulozyten erkennen, wo man es als **Drumstick** bezeichnet. Inaktivierte X-Chromosomen finden sich natürlich nicht nur bei Frauen, sondern z. B. auch beim **Klinefelter Syndrom.** Schließlich sind hier neben einem Y-Chromosom auch zwei X-Chromosomen pro Zelle vorhanden (obwohl die Patienten männlich sind), sodass eines von beiden zu Heterochromatin wird.

Übrigens: Vielleicht stoßt ihr auch mal auf die Bezeichnung **F-Body.** Damit ist das Y-Chromosom gemeint, das sich aufgrund seines vielen Heterochromatins gut anfärben lässt. Enthält eine Zelle also ein Y-Chromosom, sollte sich auch ein F-Body finden lassen.

3.6 Zelltod

Alles hat ein Ende, auch unsere Zelle. Dabei gibt es zwei Möglichkeiten: Entweder stirbt die Zelle durch eine ungeplante Schädigung und zwingt den Körper dazu aufzuräumen, oder unsere Zelle scheidet geplant aus dem Leben und sorgt dafür, dass alles vergleichsweise problemlos abläuft. Die Unterschiede zwischen beiden Vorgängen solltet ihr sicher beherrschen!

3.6.1 Nekrose

Es gibt viele Wege eine Zelle irreparabel zu schädigen – von der simplen mechanischen Schädigung, die die Membran zerstört, über Toxine (z. B. von Bakterien) bis hin zur Ischämie. Der wichtigste Unterschied zum geplanten Zelltod: Die Zelle kann anschwellen und platzt regelrecht auf (die **Membran rupturiert).** Enzyme treten aus und richten im umliegenden Gewebe Schaden an. Um diesen Prozess zu stoppen, reagiert der Körper mit einer **Entzündung,** in deren Verlauf die Zellbestandteile sicher entsorgt werden. Bei der **Nekrose** kommt es zudem zu Veränderungen des Zellkerns: Er verdichtet sich **(Pyknose),** löst sich auf **(Karyolyse)** und zerfällt in seine Einzelteile **(Karyorrhexis).**

3.6.2 Apoptose

Damit nicht jeder Zelltod in einer Entzündung endet, gibt es mit dem programmierten Zelltod, der **Apoptose,** noch einen anderen Weg. Apoptose spielt bereits während der Embryonalentwicklung eine wichtige Rolle und bleibt bis zum Tod des gesamten Organismus ein wichtiges Mittel, um Zellen zu beseitigen, die sich zu einer Gefahr für den Körper entwickeln könnten oder nicht mehr benötigt werden. Die Apoptose gliedert sich in:

Initiation: Die Apoptose kann sowohl von außen als auch durch ein Signal in der Zelle selbst ausgelöst werden. Ein Auslösen der Apoptose von außen wird z. B. notwendig, wenn die Zelle mit einem Virus infiziert ist und von diesem zur Vermehrung genutzt wird. An der Auslösung dieses **extrinsischen Wegs** sind vor allem Zellen des Immunsystems, wie **natürliche Killerzellen,** beteiligt.

Als Ursache für die Auslösung des **intrinsischen Wegs** kommt z. B. eine irreparable Schädigung der DNA infrage. Eine zentrale Rolle bei der Apoptose spielen dabei die Mitochondrien. Ihre Membran wird durchlässig **(Mitochondrial Outer Membrane Permeabilization – MOMP)** und diverse Proteine gelangen ins Zytosol, von denen ihr auf jeden Fall **Cytochrom c** mit der Apoptose in Verbindung bringen solltet!

Ob die Apoptose eingeleitet wird oder nicht, hängt von dem Gleichgewicht zwischen Stoffen ab, die die Apoptose fördern, also proapoptotisch wirken, und den anti-apoptotischen Substanzen.

Für die Regulation dieses Gleichgewichts ist die Familie der **B-cell lymphoma-Proteine (Bcl)** von entscheidender Bedeutung. Aus dieser Familie solltet ihr **Bcl-2** als antiapoptotisches und **Bax/Bad** als pro-apoptotische Proteine kennen. Auch **p53,** der Wächter des Genoms, ist in der Lage auf intrinsischem Weg die Apoptose auszulösen. Als wichtiger Stimulator des extrinsischen Wegs solltet ihr zudem den **Tumor-Nekrose-Faktor** α kennen.

1. **Exekution:** Extrinsischer und intrinsischer Weg der Apoptose münden früher oder später in eine gemeinsame Endstrecke. Dabei werden die **Cas-**

3

pasen aktiviert, die wir bereits angesprochen hatten. Sie spalten Proteine und aktivieren DNAsen, die den Abbau der DNA bewirken. Im Unterschied zur Nekrose gelangen die entstehenden Abbauprodukte allerdings nicht einfach in den Extrazellularraum sondern werden in Vesikel verpackt oder direkt phagozytiert, sodass sie keinen Schaden anrichten.
2. Nun werden diese Vesikel von Zellen in der Umgebung phagozytiert …
3. … und in diesen Zellen abgebaut.

3

Exkurs: Stammzellen und Anpassungsmechanismen

Stammzellen sind Zellen, die sich dauerhaft teilen können. Dafür besitzen sie eine aktive Telomerase, die die Telomere an den Enden der Chromosomen wiederherstellt. Solange ein Gewebe Stammzellen besitzt, können immer neue Zellen gebildet werden, falls bestehende Zellen, aus welchen Gründen auch immer, zugrunde gehen. Stammzellen haben prinzipiell zwei Möglichkeiten sich zu teilen:

- **Asymmetrische Teilung:** Wie bei jeder anderen Zellteilung auch entstehen zwei Tochterzellen. Eine dieser beiden Zellen behält die Stammzelleigenschaften (sonst wäre unser Stammzellvorrat auch ziemlich schnell erschöpft), während die andere sich zu einer Zelle des jeweiligen Gewebes differenziert und dabei ihre Fähigkeit zur Teilung verliert.
- **Symmetrische Teilung:** Bei der symmetrischen Teilung behalten beide Tochterzellen ihre Stammzelleigenschaften. Diese Teilung dient dazu, die Menge an Stammzellen in einem Gewebe zu erhöhen, z. B. wenn der Stammzellenvorrat geschädigt wurde.

Neben der Fähigkeit, mehr Zellen zu bilden, besitzt ein Gewebe in der Regel noch weitere **Anpassungs- bzw. Adaptationsmechanismen** (➢ Abb. 3.23), um verschiedenen Anforderungen begegnen zu können:

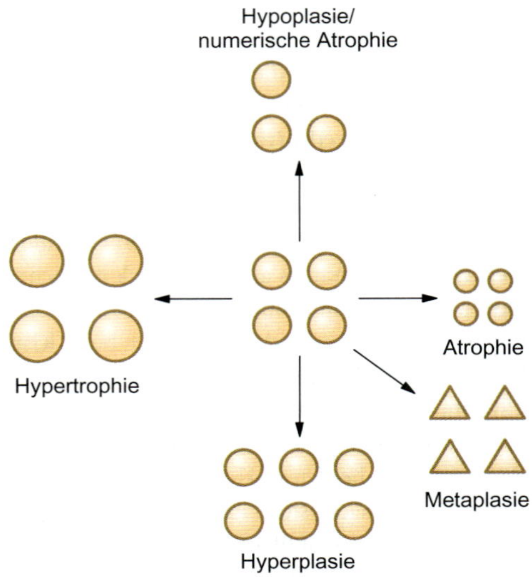

Abb. 3.23 Anpassungsmechanismen [L253]

FÜR DIE KLAUSUR
Die nun folgenden Definitionen sind geschenkte Punkte und auch klinisch relevant!

- **Hypertrophie:** Dieser Begriff bezeichnet die Volumenzunahme der Zellen (und damit auch des Gewebes), bei gleichbleibender Zellzahl. Diesen Begriff solltet ihr vor allem im Zusammenhang mit Muskelfasern kennen.
- **Hyperplasie:** Zunahme der Zellzahl bei gleichbleibendem Zellvolumen. Auch dieser Vorgang führt zu einer Zunahme des Gewebsvolumens.
- **Einfache Atrophie:** Volumenabnahme der Zellen und damit auch des Gewebes
- **Hypoplasie (numerische Atrophie):** Abnahme der Zellzahl bei gleichbleibendem Zellvolumen. Folglich nimmt auch das Gewebsvolumen ab.
- **Metaplasie:** Übergang einer differenzierten Gewebeart in eine andere. Beim Übergang in ein weniger differenziertes Gewebe spricht man von
- **Anaplasie.** In jedem Fall solltet ihr den **Barrett-Ösophagus** als Beispiel für eine Metaplasie (aufgrund von Magensäure-Reflux in die Speiseröhre) nennen können.

3.7 Übungen

1. Ordne die Zellzyklusphasen G1, G2, M und S aufsteigend nach ihrer Länge.

2. Vervollständige:
- CKD_ und Cyclin_ werden als MPF zusammengefasst.
- Die Telomerase ist eine ____-abhängige ____-Polymerase.
- Der Barrett-Ösophagus ist ein typisches Beispiel für eine ________.
- Die für die Inaktivierung des X-Chromosoms verantwortliche RNA heißt _____.

3. Welche Aussage trifft nicht zu?
a) Der DNA-Gehalt einer Zelle am Ende der S-Phase beträgt 2n2c.
b) Die Single Stranded Binding Proteins stabilisieren Einzelstrang-DNA während der Replikation.
c) Manche Zellen treten aus der G0-Phase wieder in den Zellzyklus ein, während sich andere terminal differenzieren.
d) Da die DNA-Polymerase der Eukaryonten keine Helicase-Aktivität besitzt, gibt es dafür ein extra Enzym.

4. Von welchem Chromosomenpaar liegen beim Pätau-Syndrom drei Kopien vor?

5. Jetzt ist aktives Wissen gefragt: Versucht den Vorgang der Meiose nachzuerzählen – verwendet dabei die Begriffe Tetrade, Diktyotän, Anaphase I, homologes Chromosomenpaar und Schwesterchromatiden.

6. Welche Aussage trifft zu?
a) BAX ist ein antiapoptotisches Protein.
b) p53 kann den extrinsischen Weg der Apoptose auslösen.
c) Eine Robertson-Translokation verläuft oft symptomlos.
d) Das Ruhestadium der Oogenese wird als Zygotän bezeichnet.

KAPITEL

4 Genetik – Regeln der Vererbung

Die wichtigsten Grundlagen zur DNA sowie zu den Chromosomen und ihren Defekten haben wir bereits kennengelernt. In diesem Kapitel befassen wir uns nun mit den Regeln der Vererbung. Die Inhalte bauen zwar weniger aufeinander auf als in den vorherigen Kapiteln, trotzdem aber lohnt es sich, Zeit ins Verständnis der Inhalte zu investieren, da man sich so sehr viel stures Faktenpauken ersparen kann.

4.1 Die Mendel-Regeln

Die **Mendel-Regeln** eignen sich gut, um sich ein solides Vokabular an genetischen Fachbegriffen anzueignen.

Wir wissen bereits, dass ein **Gen** ein Abschnitt der DNA ist, der für aktive RNAs oder Proteine codiert. Ein Gen sitzt immer an einem bestimmten Ort auf dem Chromosom, den man in der Genetik als **Locus** bezeichnet.

Nun kann ein Gen aber verschiedene Zustandsformen bzw. Ausprägungen haben. Nehmen wir an, dass sich an einem bestimmten Locus ein Gen für eure Haarfarbe befindet. Da wir Menschen über einen diploiden Chromosomensatz verfügen, ist dieses Gen zweimal vorhanden, einmal von eurer Mutter und einmal von eurem Vater. Diese zwei Gene sind allerdings nicht völlig identisch. Sie codieren zwar beide für das Merkmal Haarfarbe, unterscheiden sich aber geringfügig in ihrer Basensequenz. Diese Unterschiede führen zu unterschiedlichen Ausprägungen des Merkmals, z. B. blond und schwarz. Diese Ausprägungen eines Gens bezeichnet man als **Allele.** Welche Allele wir in unseren Zellen haben (also unser **Genotyp),** bestimmt, wie wir aussehen **(Phänotyp).**

Wenn wir für ein Gen zwei identische Allele haben (z. B. zweimal blond), bezeichnet man das als **homozygot.** Der entstehende Phänotyp ist klar: blond!

Besitzen wir allerdings ein Allel für schwarze und ein anderes für blonde Haare (**heterozygot**), ist die Sache schwieriger. Es gibt Allele, die so durchsetzungsstark sind, dass nur ihr Merkmal zur Ausprägung kommt. Man bezeichnet sie als **dominant.** Wäre in unserem Fall Schwarz das dominante Allel, würden sich schwarze Haare als Phänotyp zeigen. Das **rezessive** Allel (blond) könnte keinen Einfluss auf den Phänotyp nehmen.

Dieser **dominant/rezessive Erbgang** sollte euch auf jeden Fall ein Begriff sein.

Manche Merkmale vererben sich allerdings **intermediär.** Dabei dominiert kein Allel das andere und es entstehen Mischformen. Angenommen die Haarfarbe würde einer intermediären Vererbung folgen, so läge beim Vorhandensein der Allele für blond und schwarz der Phänotyp irgendwo dazwischen (braun).

Bei einem **kodominanten** Erbgang haben ebenfalls beide Merkmale Einfluss auf den Phänotyp. Dabei entsteht allerdings keine Mischform, sondern es kommt zur Ausprägung beider Merkmale. Das wäre quasi so, als hätte man in gleichem Maß schwarze und blonde Haare auf der Kopfhaut. Den kodominanten Erbgang werden wir vor allem im Zusammenhang mit der Vererbung der **Blutgruppenantigene** kennenlernen.

FÜR AHNUNGSLOSE

Welchem Erbgang folgt denn nun die Haarfarbe? Wie so oft beim Menschen ist es nicht so einfach und die Haarfarbe unterliegt einer Vielzahl von Einflussfaktoren, wobei eine dunkle Haarfarbe sich stärker durchzusetzen scheint.

Wir wollen uns nun mit der Vererbung von Merkmalen nach den Mendel-Regeln befassen. Dafür müssen wir allerdings noch ein paar Dinge klären:

- Anstelle von Eltern und Kindern bzw. Nachkommen sprechen wir von der Parentalgeneration und der Filialgeneration.
- In den Kreuzungsschemata, die wir für unsere Erbgänge verwenden, werden die Merkmale durch Buchstaben repräsentiert. Zum Beispiel erhält das Merkmal Haarfarbe den Buchstaben A. Handelt es sich um einen dominant/rezessiven Erbgang, erhält das dominante Allel (schwarz) einen **Großbuchstaben** und der Buchstabe des rezessiven Allels wird **kleingeschrieben.** Ein Individuum, das heterozygot für diese Merkmale ist (also Allele für schwarz und blond besitzt), hätte entsprechend den Genotyp Aa.
- In den Keimzellen finden sich keine zwei Allele, sondern nur eins. Warum? Im Rahmen der Meiose werden die homologen Chromosomenpaare getrennt, sodass die Keimzellen nur **haploid** sind. Entsprechend produziert unser Individuum mit dem Genotyp Aa entweder Keimzellen mit dem Allel für schwarz (A) oder mit dem Allel für blond (a).

4.1.1 Kreuzungsschemata

Bevor wir uns mit den Regeln, die Mendel aufgestellt hat, auseinandersetzen, müssen wir zunächst die Kreuzungsschemata verstehen. Nehmen wir an, in unserer Parentalgeneration gibt es zwei Elternteile mit den Genotypen Aa und AA. Um das Kreuzungsschema aufzustellen, müssen wir uns nun anschauen, welche Keimzellen die Eltern bilden können. Elternteil Aa kann sowohl Keimzellen vom Typ A als

Tab. 4.1 Kreuzungsschema zwischen Aa und AA

	A	A
A	?	?
a	?	?

Tab. 4.2 Vollständiges Kreuzungsschema zwischen Aa und AA

	A	A
A	AA	AA
a	Aa	Aa

auch vom Typ a bilden, wohingegen Elternteil AA nur Keimzellen vom Typ A bilden kann. Das Kreuzungsschema lautet entsprechend:

Indem wir das Kreuzungsschema vervollständigen, erhalten wir die möglichen Genotypen, die sich bei den Kindern, also in der Filialgeneration, finden könnten:

FÜR DIE KLAUSUR

... solltet ihr Kreuzungsschemata aufstellen und daraus Schlüsse ziehen können. In unserem Fall ist z. B. die Wahrscheinlichkeit, dass ein Kind den Genotyp AA aufweist genauso hoch wie die Wahrscheinlichkeit für den Genotyp Aa. Was das für den Phänotyp bedeutet, hängt davon ab, ob es sich um einen dominant/rezessiven, intermediären oder kodominanten Erbgang handelt.

4.1.2 1. Regel (Uniformitätsregel)

Was für Nachkommen entstehen bei der Kreuzung von Eltern, die **für ein Merkmal homozygot** sind, sich aber in den Allelen voneinander unterscheiden? Ein Elternteil hat also den Genotyp AA, der andere den Genotyp aa.
Wir betrachten das Kreuzungsschema:
Wir sehen: Egal wie viele Nachkommen es gibt – sie haben alle den gleichen Genotyp (natürlich auch Phänotyp), sind also **uniform.**

4.1.3 2. Regel (Spaltungsregel)

Für die 2. Mendel-Regel kreuzen wir die **Individuen unserer ersten Filialgeneration** (F1) untereinander und betrachten, was in der F2-Generation passiert.

Wir sehen: Die F2-Generation ist nicht uniform. Stattdessen finden sich alle möglichen Merkmalskombinationen. Sie spalten sich in ein ganz bestimmtes Verhältnis nämlich Aa:AA:aa = 2:1:1.

Tab. 4.3 Kreuzungsschema der Uniformitätsregel AA × aa

	a	a
A	Aa	Aa
A	Aa	Aa

4.1.4 3. Regel (Unabhängigskeits-/Neukombinationsregel)

Die 3. Mendel-Regel ist nur bedingt gültig. Betrachtet man verschiedene Merkmale (z. B. Haut und Augenfarbe) und ihre Allele, so stellt man fest, dass diese Merkmale unabhängig voneinander vererbt werden. Das Ganze gilt allerdings nur, wenn sich die **Merkmale nicht auf demselben Chromosom** befinden, denn dann kommen sie natürlich immer gemeinsam in eine Keimzelle (das wusste Mendel aber noch nicht). Damit ihr mal gesehen habt, wie ein Kreuzungsschema für zwei Merkmale aussieht, werfen wir noch schnell einen Blick darauf, bevor wir unser erworbenes Wissen auf Stammbäume anwenden. Die Genotypen der Parentalgeneration wurden dabei zufällig ausgewählt.

4.2 Autosomale und gonosomale Erbgänge

Auch die Vererbung von Krankheiten hält sich mehr oder weniger stark an die Prozesse, die wir bei den Mendel-Regeln kennengelernt haben. Ihr seht: So langsam bekommt das ganze Praxisbezug!

Außerdem werden wir uns viel mit Stammbäumen beschäftigen, denn sie sind nicht nur hochgradig prüfungsrelevant, sondern lassen auch Rück-

Tab. 4.4 Kreuzungsschema der Spaltungsregel Aa × Aa

	A	a
A	AA	Aa
a	Aa	aa

Tab. 4.5 Kreuzungsschema der Unabhängigkeitsregel AaBb × AAbb

	Ab	Ab
AB	AABb	AABb
Ab	AAbb	AAbb
aB	AaBb	AaBb
ab	Aabb	Aabb

4

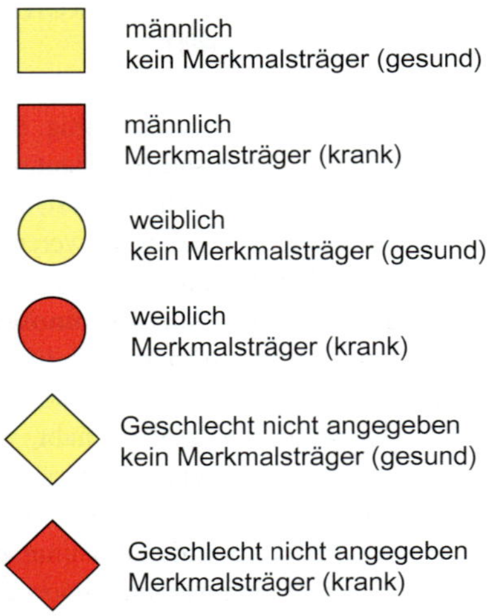

Abb. 4.1 Symbole für die Stammbäume [L253]

schlüsse darauf zu, wie genau eine Krankheit vererbt wird.

Die in diesem Kapitel für die Stammbäume verwendeten Symbole findet ihr in ➤ Abb. 4.1.

4.2.1 Autosomal-dominanter Erbgang

Bei **autosomalen Erbgängen** geht es um Allele, die sich auf den Autosomen (also den Chromosomen 1–22) befinden. Alle Gesetzmäßigkeiten, die wir für autosomale Erbgänge aufstellen, sind also völlig unabhängig vom Geschlecht der Eltern oder der Kinder. Wir befassen uns im Folgenden nicht mehr mit Merkmalen wie der Haarfarbe, sondern mit Allelen, von denen eines fehlerhaft (sprich krank) und das andere gesund ist.

Grundsätzlich entwickeln bei einer autosomal-dominant vererbten Krankheit sowohl Personen, die für das Allel homozygot sind, als auch solche, die für das Allel heterozygot sind, die Krankheit. Dabei kommt es **bei Homozygoten oft zu einer schwereren Symptomatik.**

FÜR DIE KLAUSUR

Gerade in mündlichen Prüfungen ist es nett, wenn man für die verschiedenen Erbgänge je ein Beispiel parat hat. Für den autosomal-dominanten Erbgang könnt ihr euch das **Marfan-Syndrom,** eine Bindegewebsschwäche, merken.

Tab. 4.6 Kreuzungsschema für autosomal-dominanten Erbgang Aa × aa

	a	a
A	Aa (krank)	Aa (krank)
a	aa	aa

Tab. 4.7 Kreuzungsschema für autosomal-dominanten Erbgang AA × aa

	a	a
A	Aa (krank)	Aa (krank)
A	Aa (krank)	Aa (krank)

Tab. 4.8 Kreuzungsschema für autosomal-dominanten Erbgang Aa × Aa

	A	a
A	AA (krank)	Aa (krank)
a	Aa (krank)	aa

In unseren Beispielen betrachten wir nun ein krankes Allel A und ein gesundes Allel a. Es gibt vier wichtige Erkenntnisse, die ihr aber nicht auswendig lernen müsst, wenn ihr sie nachvollziehen könnt:

- Ist ein Elternteil heterozygot (Aa und damit krank) und der andere homozygot rezessiv (aa, also gesund), beträgt die Wahrscheinlichkeit für kranken Nachwuchs 50 % (➤ Abb. 4.2). Um das nachzuvollziehen, werft ihr am besten einen Blick in das Kreuzungsschema.
- Ist ein Elternteil homozygot krank (AA), sind alle Nachkommen ebenfalls krank.
- Sind beide Eltern heterozygot krank (Aa), beträgt die Wahrscheinlichkeit für kranke Nachkommen 75 %. Von den Erkrankten sind ⅓ homozygot und ⅔ heterozygot betroffen (➤ Abb. 4.3).
- Wenn beide Eltern phänotypisch gesund sind, müssen sie auch genotypisch gesund sein (aa). Entsprechend sind auch die Nachkommen alle gesund, solange es nicht zu einer Neumutation kommt. Ein autosomal-dominanter Erbgang weißt folglich **keine Generationensprünge** auf.

! ACHTUNG!

In Zusammenhang mit dominanten Erbgängen solltet ihr die Begriffe **Penetranz** und **Expressivität** kennen. Manchmal kommt es dazu, dass sich, obwohl ein krankes Allel vorhanden ist, kein Phänotyp entwickelt. Man spricht dann von **unvollständiger Penetranz.** Die Expressivität gibt an, wie stark ein vorhandener Phänotyp ausgeprägt ist. Unvollständige Penetranz kann einen dominanten Erbgang verschleiern.

4.2.2 Autosomal-rezessiver Erbgang

Autosomal-rezessive Erkrankungen können auch Kinder bekommen, die phänotypisch gesunde Eltern haben. Bevor wir uns mit den wichtigen Erkenntnissen befassen, solltet ihr euch noch ein Beispiel einprägen. Aus der Vielfalt an autosomal-rezessiven Erbkrankheiten könnte das z. B. die **Mukoviszidose** oder die **Phenylketonurie** (beide werden aufgrund ihrer Pathogenese im Physikum gern gefragt) sein. Menschen mit einer Vorliebe für komplizierte Namen merken sich dagegen besser das Shwachman-Bodian-Diamond-Syndrom.

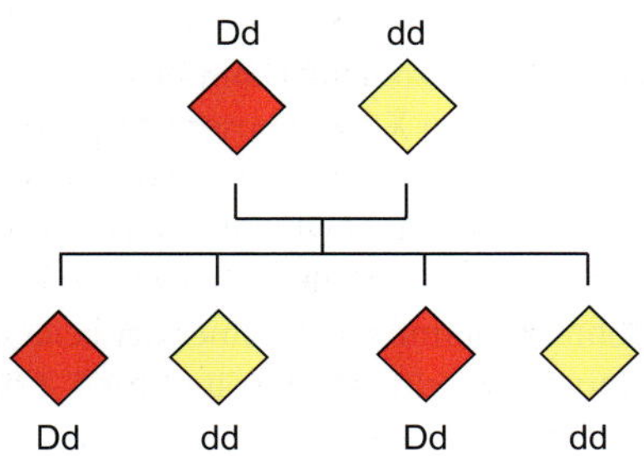

Abb. 4.2 Autosomal-dominanter Erbgang mit einem heterozygot kranken Elternteil. In diesem Fall ist das kranke Allel „D" [L253]

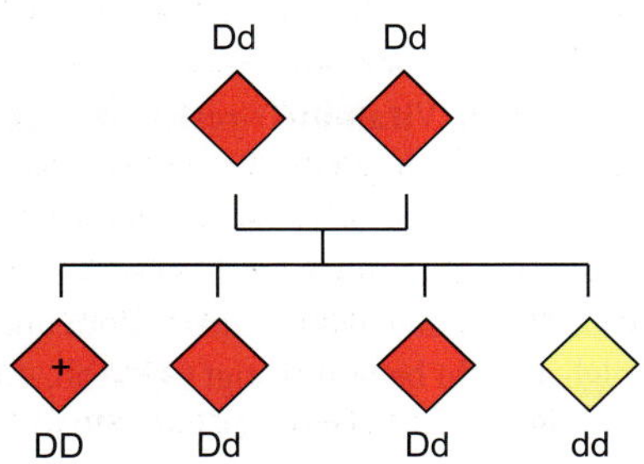

Abb. 4.3 Autosomal-dominanter Erbgang mit zwei heterozygot kranken Eltern. Das homozygot kranke Kind (DD) zeigt unter Umständen eine schwere Symptomatik [L253]

! ACHTUNG!

Bei autosomal-rezessiven Erbgängen ist der kleine Buchstabe (a) das kranke Allel!

- Bei heterozygoten, also gesunden, Eltern (Aa) sind die Nachkommen mit einer Wahrscheinlichkeit von 25 % krank. Von den gesunden Nachkommen sind ⅔ heterozygot und haben somit das Potenzial, das kranke Allel an ihre Nachkommen weiterzugeben (➤ Abb. 4.4).
- Ist ein Elternteil homozygot gesund (AA), sind alle Nachkommen gesund (➤ Abb. 4.5).
- Sind beide Elternteile homozygot krank (aa), sind alle Nachkommen krank.

Ist ein Elternteil krank (aa) und der andere heterozygot gesund (Aa), beträgt die Wahrscheinlichkeit, dass die Nachkommen erkranken, 50 % ➤ Abb. 4.6. Diese Situation ist phänotypisch nicht von einem autosomal-dominanten Erbgang zu unterscheiden, bei dem ein Elternteil gesund (aa) und der andere heterozygot krank (Aa) ist, da auch hier die Erkrankungswahrscheinlichkeit für Nachkommen bei 50 % liegt. Man spricht deshalb auch von **Pseudodominanz.**

MERKE

Personen, die heterozygot gesund sind, also das rezessive Allel in sich tragen ohne einen Phänotyp zu entwickeln, werden auch als **Konduktoren (Überträger)** bezeichnet.

Tab. 4.9 Kreuzungsschema für autosomal-rezessive Erbgänge Aa × Aa

	A	a
A	AA	Aa
a	Aa	aa (krank)

Tab. 4.10 Kreuzungsschema für autosomal-rezessive Erbgänge aa × Aa

	A	a
a	Aa	aa (krank)
a	Aa	aa (krank)

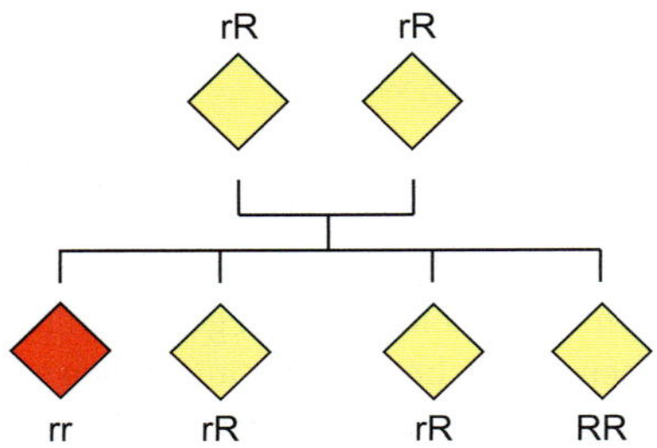

Abb. 4.4 Autosomal-rezessiver Erbgang mit zwei heterozygot gesunden (Rr) Eltern [L253]

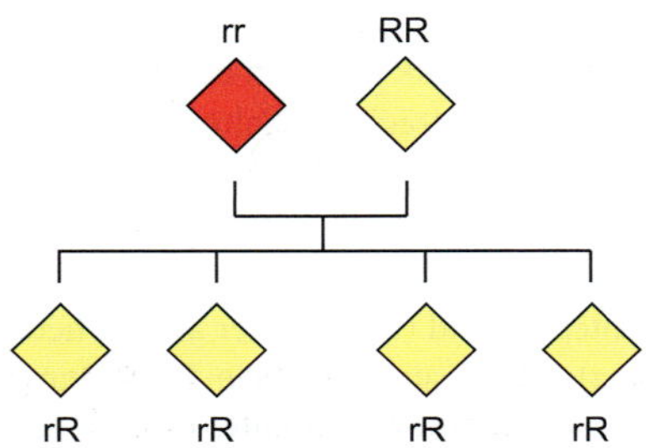

Abb. 4.5 Autosomal rezessiver Erbgang mit einem kranken (rr) und einem gesunden (RR) Elternteil [L253]

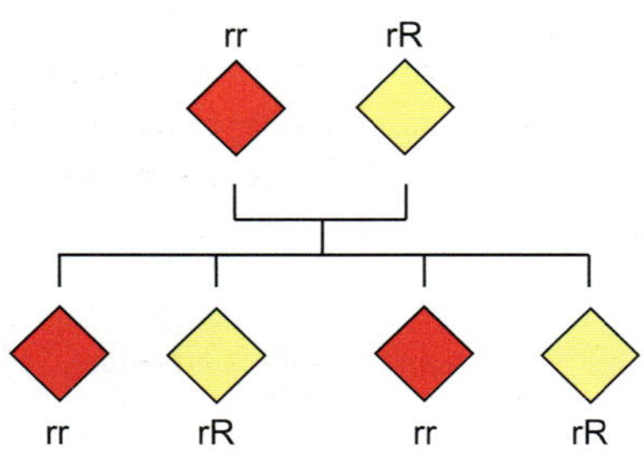

Abb. 4.6 Autosomal-rezessiver Erbgang mit einem kranken (rr) und einem heterozygot gesunden (Rr) Elternteil [L253]

4.2.3 X-chromosomal-dominanter Erbgang

Bei Erbkrankheiten, die die Geschlechtschromosomen betreffen, den **gonosomalen Erbgängen,** müssen wir zwischen den Genotypen von Vater und Mutter unterscheiden. Dafür müssen wir uns zunächst ein paar grundsätzliche Dinge klar machen:

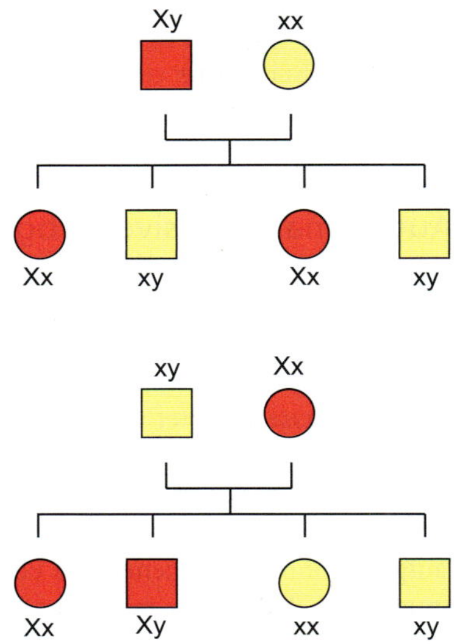

Abb. 4.7 X-chromosomal-dominanter Erbgang mit krankem Vater (Xy) bzw. kranker Mutter (Xx) [L253]

- Eine Tochter hat zwei X-Chromosomen. Eines dieser X-Chromosomen bekommt sie von ihrem Vater, der nur ein X-Chromosom hat, das andere stammt von ihrer Mutter. Da die Mutter über zwei X-Chromosomen verfügt, wird das Chromosom, das vererbt wird, zufällig ausgewählt.
- Ein Sohn bekommt zufällig eines der beiden X-Chromosomen seiner Mutter und das Y-Chromosom seines Vaters.

Mit diesem Wissen können wir uns nun den Erkenntnissen für X-chromosomal-dominante Erbgänge widmen. Diese sind besonders wichtig, um sie in Stammbäumen eindeutig zu identifizieren. Ein gutes Beispiel für einen X-chromosomal-dominanten Erbgang ist die **Vitamin-D-resistente Rachitis.**

- Ein erkrankter Mann (Xy) gibt das kranke X-Chromosom zwangsläufig an seine Töchter weiter, die dann ebenfalls erkranken. Die Söhne eines kranken Mannes erhalten das Y-Chromosom und werden folglich nicht beeinträchtigt (➤ Abb. 4.7).
- Ist die Mutter heterozygot krank (Xx) und der Vater gesund (xy), sind 50 % der Töchter und 50 % der Söhne krank, je nachdem, ob sie das kranke oder das gesunde mütterliche X-Chromosom erhalten (➤ Abb. 4.7).
- Ist die Mutter homozygot krank (XX) sind alle Nachkommen krank.

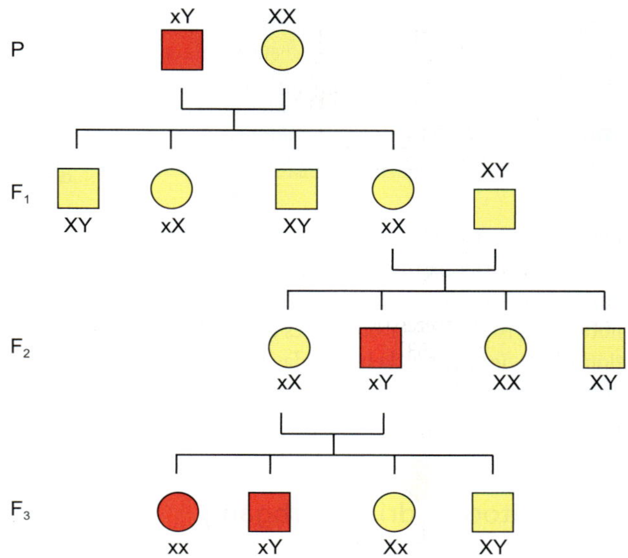

Abb. 4.8 X-chromosomal-rezessiver Erbgang mit krankem Vater (xY) und homozygot gesunder Mutter [L253]

4.2.4 X-chromosomal-rezessiver Erbgang

Bei X-chromosomal-rezessiven Erbgängen müssen wir eine Besonderheit beachten: Wenn ein Mann ein krankes X-Chromosom besitzt, kann das kleine Y-Chromosom dem nichts entgegensetzen und er ist **phänotypisch krank.** Frauen brauchen dagegen zwei kranke X-Chromosomen, damit sich ein Phänotyp entwickelt. Sonst dominiert das gesunde X. Entsprechend betreffen **X-chromosomal-rezessive Erkrankungen häufig Männer.**

X-chromosomal-rezessive Erkrankungen sind klinisch sehr relevant. Zwei wichtige Beispiele sind die **Hämophilie** (Bluterkrankheit) und die **Rot-Grün-Sehschwäche.**

- Ein kranker Vater und eine homozygot gesunde Mutter haben nur gesunde Kinder, da das gesunde X-Chromosom der Mutter dominiert. Da aber sämtliche Töchter auch das kranke X des Vaters erhalten, sind sie alle **Konduktorinnen** (➤ Abb. 4.8).
- Ist der Vater krank und die Mutter heterozygot gesund, erkranken sowohl die Hälfte der Töchter als auch die Hälfte der Söhne.
- Eine kranke Mutter und ein gesunder Vater haben nur kranke Söhne. Die Töchter sind dagegen, aufgrund des gesunden väterlichen X-Chromosoms, alle phänotypisch gesund, aber Konduktorinnen.
- Ein gesunder Vater und eine heterozygot gesunde Mutter haben gesunde Töchter (von denen die Hälfte Konduktorinnen sind). Die Wahrscheinlichkeit für kranke Söhne liegt bei 50 %.

4.2.5 Y-chromosomaler Erbgang

Y-chromosomale Erbkrankheiten vererben sich von kranken Vätern auf ihre Söhne … wenn es sie denn gäbe. Bisher sind nämlich **keine Krankheiten, die diesem Erbgang folgen,** bekannt.

MERKE

Es gibt auch Gene, die sowohl auf X- als auch auf Y-Chromosomen vorkommen. Sie vererben sich entsprechend wie Gene auf den Autosomen, es gibt keine geschlechtsspezifischen Unterschiede bei der Vererbung. Die Orte, an denen sie vorkommen, nennt man **pseudoautosomale Regionen.** Eine Erkrankung, die diesem pseudoautosomal-dominanten Erbgang folgt, ist die Léri-Weill-Dyschondrosteosis (LWD), die mit einer Vielzahl von Symptomen, wie z. B. Minderwuchs, assoziiert sein kann.

FÜR DIE KLAUSUR

Besonders interessant für die Genetik und entsprechend auch für Prüfungen sind Zwillinge. Man muss dabei zwischen eineiigen Zwillingen, die exakt das gleiche Erbgut besitzen, und zweieiigen Zwillingen, die sich wie „normale" Geschwister verhalten, unterscheiden. Ein zugegebenermaßen eher konstruiertes Beispiel ist die Hochzeit von eineiigen Zwillingspaaren. Deren **Kinder verhalten sich alle wie Geschwister zueinander,** da ihre Eltern, was die DNA angeht, identisch sind.

Ein wissenswerter Fakt zum Y-Chromosom: Auf ihm liegt das **Sex Determining Region of Y-Gen (SRY),** das für die Ausprägung des männlichen Geschlechts notwendig ist. Fehlt SRY oder ist es durch eine Mutation inaktiviert, entwickelt sich das betroffene Individuum trotz XY-Chromosomen zu einer sterilen Frau.

4

4.2.6 Mitochondrialer Erbgang

Wir haben bereits gelernt, dass alle unsere Mitochondrien von unserer Mutter stammen, also **maternal vererbt** werden. Zwar enthält auch das Spermium Mitochondrien (sogar ganz schön viele, damit Energie für die Fortbewegung produziert wird), diese schaffen es jedoch nicht in die Eizelle oder werden nach der Verschmelzung abgebaut. Dementsprechend vererben sich **mitochondriale Erkrankungen** ebenfalls von der Mutter auf die Kinder.

Mitochondriale Erkrankungen betreffen besonders die Muskulatur (dort sind schließlich auch sehr viele Mitochondrien vorhanden) und das Nervensystem. Als Beispiel könnt ihr euch das MELAS-Syndrom (mitochondriale Enzephalomyopathie, Lactat-Azidose und schlaganfallähnliche Symptome) oder die Leber-Optikusatrophie einprägen.

Übrigens: Da die Mitochondrien immer zufällig auf die Tochterzellen verteilt werden, kann es sein, dass eine Zelle sowohl mutierte mtDNA als auch normale (Wildtyp) mtDNA enthält. Bei diesem besonderen Mosaik spricht man auch von **Heteroplasmie.** Sind alle Mitochondrien gleich, also entweder normal oder mutiert, spricht man von **Homoplasmie.**

Nun haben wir schon einiges zur Vererbung gelernt. Ein paar Definitionen solltet ihr auf jeden Fall auch noch kennen, um wirklich alle Punkte in der Prüfung mitzunehmen.

Tab. 4.11 Genetik-Glossar

Pleiotropie	Unter Pleiotropie versteht man, dass eine Veränderung in einem Gen mehrere Merkmale beeinflussen kann. Das ist z. B. der Fall, wenn das Gen für einen Ionenkanal codiert, der in verschiedenen Geweben von Bedeutung ist. Beim Marfan-Syndrom führt eine Mutation im Fibrillin-Gen zu den verschiedenen Symptomen.
Heterogenie	Als Heterogenie bezeichnet man das Phänomen, dass eine Krankheit (ein Phänotyp) durch Mutationen in verschiedenen Genen hervorgerufen werden kann. So gibt es z. B. viele Gendefekte, die zur Gehörlosigkeit führen können.
Multifaktorielle Vererbung	Manche Merkmale werden sowohl von den Genen als auch von der Umwelt beeinflusst. Wenn in euren Genen vorgesehen ist, dass ihr zwei Meter groß werdet, werdet ihr diese Größe trotzdem nicht erreichen, wenn ihr nicht genug zu essen habt.
Multiple Allelie/ Polymorphismus	Kommen in einer Bevölkerung mehr als zwei Allele für ein Gen vor, spricht man von multipler Allelie bzw. Polymorphismus. Beachtet: Ein einzelner Mensch mit diploidem Chromosomensatz, kann prinzipiell nur zwei Allele für ein Gen haben.
Imprinting	Unter Imprinting oder Prägung versteht man, dass die Expression mancher Allele davon abhängt, ob ihr dieses Allel von Mutter oder Vater erhalten habt. Eine Krankheit, von der ihr in diesem Zusammenhang gehört haben solltet, ist das Prader-Willi-Syndrom.
Hemizygotie	Von Hemizygotie spricht man, wenn in einer Zelle für ein Gen nur ein Allel existiert, obwohl der Chromosomensatz diploid ist. Bei Männern trifft dies für die Gene auf den Geschlechtschromosomen (mit Ausnahme der pseudoautosomalen Regionen) zu. Denn schließlich besitzen sie nur ein Y- und ein X-Chromosom. Hemizygotie kann auch mit Krankheiten assoziiert sein: Reicht bei einem normalerweise doppelt vorhandenem Gen eine Kopie nicht aus, um eine ausreichende Menge des Genprodukts herzustellen, kommt es zu unerwünschten Symptomen und man spricht von **Haploinsuffizienz**.

! ACHTUNG!
Gerade bei Pleiotropie und Heterogenie gerät man gerne mal durcheinander. Merkt euch **Hetero**genie deshalb als „**verschiedene** Gene"!

4.3 Populationsgenetik

Die Populationsgenetik befasst sich damit, wie häufig bestimmte Allele im Genpool einer Population vorkommen. Nahezu sämtliche Prüfungsfragen zu diesem Thema drehen sich um das **Hardy-Weinberg-Gesetz.** Dieses Gesetz gilt zwar eigentlich nur für eine „**ideale Population**", die es in der Realität nicht gibt, trotzdem kann man es, wenn man große Populationen betrachtet, mit Abstrichen anwenden.

Ihr solltet die Kriterien der idealen Population mal gehört haben:

- Es existiert **keine Zu- oder Abwanderung** (Genfluss).
- Es gibt keine Genotypen, die einen **Selektionsvorteil** haben. Diese Voraussetzung wird, spätestens dann quasi unerfüllbar, wenn man sich mit Erbkrankheiten befasst.
- Die Individuen der Population paaren sich **zufällig,** man spricht auch von **Panmixie** oder **Random Mating.** In der Realität sind sich Partner allerdings meistens in Bezug auf bestimmte Merkmale ähnlicher, als man es bei einer zufälligen Partnerwahl erwarten würde. Man spricht von **Paarungssiebung** oder **Assortative Mating.**

Viel wichtiger ist allerdings, dass ihr euch folgende Gleichungen gut einprägt:

$$p^2 + 2pq + q^2 = 1$$

und

$$p + q = 1$$

FÜR AHNUNGSLOSE
Muss ich das verstehen? Ein bisschen zumindest! p ist die Wahrscheinlichkeit, mit der ein Allel (A) in der Bevölkerung auftritt. q ist die Wahrscheinlichkeit für das Auftreten des anderen Allels (a). Da es keine anderen Allele für dieses Merkmal gibt (wir lassen die Multiple Allelie bewusst außen vor), beträgt die Wahrscheinlichkeit beider Allele zusammen 100 %. Deshalb gilt p + q = 1!

Auch die andere Gleichung ist nicht extrem schwer nachzuvollziehen, aber da deren Verständnis für die Klausurfragen nicht nötig ist, entnehmt ihr deren Herleitung besser weiterführenden Lehrbüchern.

p^2 ist dabei die Frequenz der Homozygoten des einen Allels in der Bevölkerung (AA). q^2 steht für die Homozygotenfrequenz des anderen Allels (aa). Ihr könnt euch schon denken, dass 2pq entsprechend die Heterozygotenfrequenz darstellt (Aa).

Ein Standardbeispiel für die Anwendung des Hardy-Weinberg-Gesetzes ist die Phenylketonurie (PKU). Allein aus der Angabe, dass sie mit einer Häufigkeit von 1:10.000 in der Bevölkerung auftritt, können wir uns alle anderen Angaben errechnen. Da man, um die autosomal rezessive PKU zu bekommen, homozygot für das PKU-Allel sein muss, können wir 1:10.000 bzw. 0,0001 für p^2 einsetzen. Um p zu berechnen, müssen wir die Wurzel ziehen und erhalten 1:100 bzw. 0,01. Da wir wissen, dass p + q =1 sein muss, können wir nun q ausrechnen:

$$q = 1 - p = 0{,}99$$

Jetzt ist es eigentlich schon geschafft! Wir haben p und q – für die Heterozygotenfrequenz müssen wir 2 × p × q rechnen (0,0198) und für die homozygot gesunden Personen noch q quadrieren (0,9801). Nun rechnen wir zur Sicherheit nochmal nach, ob die Gleichung auch wirklich erfüllt ist:

$$p^2 + 2pq + q^2 = 1$$

$$0{,}9801 + 0{,}0198 + 0{,}0001 = 1$$

$$1 = 1$$

Die Sache ist also eigentlich ganz einfach. Um die absoluten Werte (also die Patientenzahlen) zu erhalten, müssen wir unsere Frequenzen einfach mit der Größe unserer Population (für Deutschland also 82 Millionen) multiplizieren.

Ein kleines Problem ergibt sich allerdings, wenn wir nur die Heterozygotenfrequenz gegeben haben:

Angenommen sie beträgt für eine Erkrankung 1:500 oder 0,002, dann wissen wir:

$$2pq = 0{,}002$$

Wir wissen nun zwar, dass p + q = 1 ist, aber wir wollen möglichst schnell und unkompliziert eine

Lösung erhalten. Wenn wir an die Rechnung zur PKU zurückdenken, wissen wir, dass die Frequenz des kranken Allels (q) in der Bevölkerung normalerweise sehr klein ist. Deswegen können wir uns eine kleine Ungenauigkeit erlauben und q vorerst vernachlässigen. Aus

$$p + q = 1$$

wird dann

$$p = 1.$$

und mit diesem Wissen wird

$$2pq = 0{,}002$$

zu

$$2 \times 1 \times q = 0{,}002.$$

Wir lösen auf:

$$q = 0{,}001$$

Nun können wir durch quadrieren dieses Werts die Homozygotenfrequenz (q^2) berechnen:

$$0{,}001^2 = 0{,}000001 = 1{:}1.000.000$$

Wenn ihr diese beiden Rechnungen nachvollzogen habt, solltet ihr für Klausur und Physikum gut gerüstet sein!

4.4 Vererbung der Blutgruppen

Gerade die Vererbung der Blutgruppenantigene wird im Physikum gern geprüft. Bevor wir uns auf das AB0-, das Rhesus- oder das MN-System stürzen, solltet ihr wissen, dass es auf der Oberfläche eines Erythrozyten eine Vielzahl von Antigensystemen gibt, von denen allerdings nur die besprochen werden, die bei Bluttransfusionen am relevantesten sind.

4.4.1 AB0-System

Ihr wisst, dass Menschen unterschiedliche Blutgruppen haben, die bestimmen, ob bei einer Blutspende Spender- und Empfängerblut kompatibel sind. Beim **AB0-System** geht es um **Glykoproteine** auf der Oberfläche der Erythrozyten. Menschen mit dem Allel A tragen andere Glykoproteine auf ihrer Oberfläche als Menschen mit Allel B. Verfügt jemand über beide Allele (AB), so werden auch beide Glykoproteine exprimiert. Es handelt sich also um einen **kodominanten Erbgang.** 0 ist die inaktive Variante unserer Allele. Träger der Blutgruppe 0 haben weder Glykoproteine von Typ A noch von Typ B.

Tab. 4.12 Blutgruppen: Antigene und Antikörper

Eigene Blutgruppe:	Antikörper gegen:
A (40 %)	B
B (15 %)	A
AB (5 %)	Keine
0 (40 %)	A und B

Normalerweise müssen zwei Voraussetzungen erfüllt sein, damit unser Körper Antikörper (die unter anderem dafür sorgen können, dass die Erythrozyten **agglutinieren,** also verklumpen) gegen bestimmte Strukturen bildet:

- Sie müssen **körperfremd** sein, der Körper darf sie also nicht selbst besitzen bzw. produzieren.
- Der Körper muss auf irgendeine Weise mit ihnen **in Kontakt kommen.**

Bei den Blutgruppenantigenen des AB0-Systems finden sich aber bereits bei Patienten, die noch nie eine Bluttransfusion bekommen haben, Antikörper gegen fremde Antigene. Wie diese **Sensibilisierung** zustande kommt, ist noch nicht abschließend geklärt. Es wird aber vermutet, dass sie durch **Darmbakterien und virale Strukturen** ausgelöst wird, die Ähnlichkeit mit den Blutgruppenantigenen besitzen.

Man besitzt also Antikörper gegen die Antigene, die die eigenen Erys nicht haben. Die Prozente in der Tabelle geben an, wie häufig die Blutgruppe ist. Die Angaben beziehen sich auf Deutschland (in einigen Regionen Asiens ist z. B. die Blutgruppe B wesentlich häufiger).

Eine Person mit Blutgruppe 0 kann also nur Blut von Personen bekommen, die ebenfalls die Blutgruppe 0 haben. Allerdings kann sie dafür Blut an jede andere Person spenden **(Universalspender).**

Das Gegenteil ist bei der Blutgruppe AB der Fall: Personen mit AB sind **Universalempfänger,** können aber nur an Menschen mit der gleichen Blutgruppe spenden.

FÜR AHNUNGSLOSE

Inwiefern können Personen mit der Blutgruppe 0 Universalspender sein? Würden nicht die Antikörper, die sie gegen A und B besitzen, mit übertragen werden und die Erythrozyten des Empfängers agglutinieren?

Das kann tatsächlich zum Problem werden, wird aber heutzutage vermieden, indem man kein Vollblut für Transfusionen einsetzt, sondern das **Plasma** (mit den Antikörpern) vom **Erythrozytenkonzentrat** trennt.

Was das alles mit Genetik zu tun hat? Auch die Antigene des AB0-Systems werden vererbt und können sogar als primitiver Vaterschaftstest dienen. Jeder Mensch verfügt über zwei Allele und die Kreuzungsschemata funktionieren wie bei den Mendel-Regeln … ihr müsst euch eigentlich nur merken:

- Besitzt jemand A und B, werden beide Antigene exprimiert.
- Besitzt jemand A oder B und 0, wird A oder B exprimiert.
- Besitzt jemand A und A, wird natürlich A exprimiert.

Wann kann man dieses Wissen nun als Vaterschaftstest anwenden? Wenn ihr ins folgende Kreuzungsschema schaut, erkennt ihr, dass die Nachkommen nicht die Blutgruppe 0 haben können, wenn ein Elternteil die Blutgruppe AB besitzt (in Klammern steht der Phänotyp).

4.4.2 MN-System

M und N sind ebenfalls Antigene, die sich auf den Erythrozyten finden. Auch sie werden im Physikum gefragt (vor allem im schriftlichen Teil), da es im MN-System **kein „0“ Allel** gibt. Entsprechend gibt es nur drei mögliche Genotypen/Phänotypen.

Auch das MN-System kann Anhaltspunkte für eine Vaterschaft geben. Dafür solltet ihr euch klar machen, dass die Kinder einer Person mit dem Phänotyp M auf keinen Fall die Blutgruppe N haben können, da immer ein M-Allel weitervererbt wird.

Tab. 4.13 Blutgruppen: Genotyp vs. Phänotyp im AB0-System

Genotyp	Phänotyp
AA oder A0	A
BB oder B0	B
AB	AB
00	0

Tab. 4.14 Kreuzungsschema: A0 × AB

	A	B
A	AA (A)	AB (AB)
0	A0 (A)	B0 (B)

Tab. 4.15 Blutgruppen

Genotyp	Phänotyp
MM	M
NN	N
MN	MN

Tab. 4.16 Kreuzungsschema: MM × MN

	M	M
M	MM	MM
N	MN	MN

4.4.3 Rhesussystem

Wenn es in Klausuren um das Rhesussystem geht, dann ist in der Regel das **D-Antigen** gemeint, und aus diesem Grund wollen wir uns auch darauf beschränken. Beim D-Antigen gibt es zwei Möglichkeiten: Entweder man hat es oder man hat es nicht!

Personen, deren Erythrozyten das D-Antigen tragen, heißen **Rhesus-positiv (Rh+).** Alle anderen sind **Rhesus-negativ (Rh-).** In Mitteleuropa sind weitaus mehr Personen Rhesus-positiv (85 %) als -negativ (15 %).

Der wesentliche Unterschied zwischen Rhesus- und AB0-System: Auch bei Rhesus-negativen Personen kommen **normalerweise im Blut keine Antikörper** gegen das D-Antigen vor. Die Bildung von Antikörpern erfolgt erst nach Kontakt mit Rhesus-positivem Blut, z. B. im Rahmen einer Transfusion. Während die erste Transfusion noch problemlos

4

verlaufen kann, sind bei der zweiten Transfusion, wenn die Antikörper schon produziert sind, Komplikationen vorprogrammiert.

Hochgradig prüfungsrelevant ist das Rhesussystem vor allem in Zusammenhang mit **Schwangerschaften,** genauer gesagt bei einer **Rhesus-negativen Mutter und einem Rhesus-positiven Vater.** Bei dieser Konstellation besteht die Möglichkeit, dass die Rhesus-negative Mutter mit einem Rhesus-positiven Kind schwanger wird (der genaue Erbgang darf uns ausnahmsweise egal sein).

Eine Vielzahl von Ursachen (gerade bei der Geburt) kann nun dazu führen, dass Erythrozyten des Kindes in den Blutkreislauf der Mutter gelangen, sodass es zur Bildung von **IgG-Antikörpern** kommt. Bei einer zweiten Schwangerschaft mit einem Rhesus-positiven Kind würde das zum Problem werden, denn die IgG-Antikörper können die Plazentaschranke überwinden und im Kreislauf des Kindes Erythrozyten agglutinieren. Das resultierende Krankheitsbild heißt **Morbus haemolyticus neonatorum** und stellt für das ungeborene Kind eine große Gefahr dar.

LERNTIPP

Ig**G** ist plazenta**G**ängig!

Um bei einer solchen Schwangerschaftskonstellation die Bildung von Antikörpern zu vermeiden, führt man eine **Anti-D-Prophylaxe** durch. Dabei gibt man der Rhesus-negativen Mutter nach der Geburt des Rhesus-positiven Kindes Antikörper gegen das Rhesusantigen. Diese Antikörper eliminieren die Erythrozyten des Kindes im mütterlichen Blut, sodass sie das mütterliche Immunsystem nicht zur Antikörperbildung stimulieren können. Im Regelfall ist auf diese Weise auch eine zweite Schwangerschaft mit einem Rhesus-positiven Kind möglich.

4.5 Exkurs: Mutationen

Bei all den Erbgängen, Kreuzungsschemata und Stammbäumen vergisst man schnell, dass viele Krankheiten auch durch spontane **Mutationen,** also Veränderungen der DNA, entstehen können.

Wir haben bereits einige Mutationen kennengelernt und zwar bei den Chromosomenaberrationen. In diesem Kapitel soll es nun um subtilere Veränderungen gehen, was aber nicht heißt, dass die Auswirkungen einer solchen Mutation nicht ebenso gravierend sein können.

Es gibt viele verschiedene Wege, Mutationen zu gruppieren:

- **Spontan vs. induziert:** Mutationen sind an sich etwas ganz normales. Manchmal zerfällt ein Nucleotid ohne erkennbaren Grund (als Beispiel solltet ihr die spontane **Desaminierung von Cytosin** kennen), was aber in der Regel nicht weiter schlimm ist, da unsere Zelle, wie wir wissen, über Reparaturmechanismen verfügt. Wird die Mutation nicht erkannt, kann sie aber natürlich zum Problem werden. Andere Mutationen entstehen durch Kontakt mit **Mutagenen,** also Substanzen, die Mutationen auslösen können – man erntet gewissermaßen, was man sät. Bekannte Mutagene sind z. B. Chemikalien wie **Ethidiumbromid** (das im Labor Verwendung findet), **Aflatoxine** (Schimmelpilzgifte), **ionisierende Strahlung** (Röntgen) oder bestimmte **Viren** (wie humane Papillomaviren).
- Mutationen der somatischen Zellen vs. Mutationen der Keimbahn: Wenn Zellen der Keimbahn mutieren, bemerkt das der Organismus, in dem die Mutation stattfindet, wahrscheinlich noch nicht mal. Da sich aus den Zellen der Keimbahn dann aber irgendwann die Nachkommen entwickeln, wird sich spätestens dann zeigen, ob die Mutation mit dem Leben vereinbar ist, gar keine Auswirkungen hat oder vielleicht sogar einen Selektionsvorteil darstellt. Ihr ahnt wahrscheinlich schon, dass Keimbahnmutationen für die Evolution wichtig sind. Betrifft eine Mutation dagegen eine „normale" Körperzelle, wird sie hoffentlich erkannt und repariert. Eine andere Option besteht darin, die Zelle in die Apoptose zu schicken. Im schlimmsten Fall kann es nach einiger Zeit dazu kommen, dass sich die Zelle unkontrolliert zu teilen beginnt und damit das Überleben des gesamten Organismus gefährdet.

Bereits die Mutation einer einzigen Base **(Punktmutation)** kann dazu führen, dass das Genprodukt seine ursprüngliche Funktion nicht mehr ausüben kann.

- **Substitution:** Wird eine Base gegen eine andere ausgetauscht, spricht man von Substitution. Aber es geht noch genauer: Wird eine Purin- gegen eine andere Purinbase ausgetauscht, z. B. A gegen G (das Ganze funktioniert natürlich auch mit zwei Pyrimidinbasen), nennt man das **Transition.** Bei einem Austausch von Purin- gegen Pyrimidinbase (und umgekehrt), lautet der Fachbegriff **Transversion.**

LERNTIPP

Bei der TransVersion geht es um den Austausch **V**erschiedener Basentypen (Pyrimidin gegen Purin und umgekehrt)!

Der Austausch einer Base bedeutet aber nicht zwangsläufig, dass auch eine andere Aminosäure in das Protein eingebaut wird. Schließlich kann das mutierte Codon immer noch für die ursprüngliche Aminosäure codieren. Ist dies der Fall bleibt die Mutation „still" und man spricht von einer **Silent-Mutation.** Wird durch unsere Mutation allerdings eine andere Aminosäure ins Protein eingebaut, ist von einer **Missense-Mutation** die Rede. Es ist auch möglich, dass durch die Substitution ein Stoppcodon entsteht (wie hießen die noch gleich?), sodass die Translation der entstehenden mRNA zu früh abgebrochen wird, was als **Nonsense-Mutation** bezeichnet wird. Zu guter Letzt gibt es noch die **Readthrough-Mutation,** bei der aus einem Stoppcodon durch Mutation ein normales Codon wird, sodass die Translation einfach weiterläuft.

FÜR AHNUNGSLOSE

Wenn bei einer Substitution ein Codon entsteht, das trotzdem noch für die gleiche Aminosäure codiert, ist es dann so als hätte die Mutation nie stattgefunden? Nicht immer! Es kann auch dazu kommen, dass sich nach der Transkription des mutierten Gens die mRNA ungewöhnlich faltet, was wiederum bei der Translation stören kann. Zudem können beim Spleißen Probleme entstehen.

- **Deletion:** Bei der Deletion (engl. delete = löschen) geht eine Base verloren.
- **Insertion:** Bei der Insertion wird eine zusätzliche Base in das Gen eingefügt.

Bei Deletion und Insertion kann es zu einem besonders ungünstigen Ereignis kommen – der **Verschiebung des Leserasters** bzw. einem **Frameshift.**

Bei einem Frameshift geht durch das Hinzukommen/Wegfallen einer einzigen Base der Sinn des gesamten Gens verloren. Das kann passieren, weil unsere mRNA in Tripletts abgelesen wird und das Ribosom keine andere Möglichkeit hat sich zu orientieren. Kommt eine Base hinzu, verschiebt sich deshalb das gesamte Leseraster ab der Mutation. Um das zu verdeutlichen, gibt es ein einfaches Beispiel:

ICH ESS EIN EIS

In diesem Satz ist die Information in Tripletts verpackt. Wird nun ein Buchstabe substituiert, ist zwar das betroffene Wort möglicherweise unverständlich, aber der Rest des Satzes bleibt unbeeinträchtigt.

ICY ESS EIN EIS

Geht stattdessen ein Buchstabe verloren (Deletion), sieht das schon anders aus, denn dann rutschen die Tripletts sozusagen weiter.

IHE SSE INE IS

Das Gleiche gilt, wenn ein Buchstabe dazukommt (Insertion).

IZC HES SEI NEI S

Anhand dieser Beispiele sollte klar sein, warum Frameshift Mutationen ein großes Problem sind und warum Substitutionen keinen Frameshift verursachen.

FÜR AHNUNGSLOSE

Gibt es auch Deletionen und Insertionen, die das Leseraster nicht verschieben? Wenn genau drei Basen verloren gehen oder dazukommen, bliebe das Leseraster erhalten. Das entstehende Peptid wäre dann um eine Aminosäure verkürzt oder verlängert. Eine andere Möglichkeit wäre eine Insertion und eine Deletion im selben Gen. In diesem Fall wäre nur im Bereich zwischen den Mutationen das Leseraster verschoben.

FÜR DIE KLAUSUR

Zu den Mutationen gibt es ein paar Beispiele, die des Öfteren gefragt werden. Das wahrscheinlich bekannteste Beispiel für einen Frameshift mit fatalen Folgen ist die **Muskeldystrophie Duchenne.**

Bei der **Sichelzellenanämie** führt eine Substitution dazu, dass eine falsche Aminosäure (Valin statt Glutaminsäure) ins Protein eingebaut wird. Das Leseraster wird dagegen nicht beeinträchtigt.

Betrifft eine Mutation den Promotorbereich eines Gens, kann es passieren, dass das Gen nicht mehr abgelesen wird. Man spricht dann von einem **Pseudogen.** Außerdem solltet ihr die Begriffe **Gain-of-Function** bzw. **Loss-of-Function** kennen, die den Umstand beschreiben, dass ein Genprodukt durch

4

Mutationen neue Funktionen erhalten (Gain-of-Function) oder alte Funktionen verlieren (Loss-of-Function) kann. Beide Begriffe können sich aber auch auf die Aktivität des Gens beziehen.

Eine Mutation kann aber auch ohne Folgen bleiben, wenn sie einen nicht codierenden Abschnitt der DNA, wie etwa die hochrepetitiven Sequenzen am Zentromer betrifft.

Zum Schluss noch ein Fakt, der sich in fast jedem Lehrbuch findet: Menschen (und Meerschweinchen) besitzen ein **Pseudogen für Vitamin C,** können es also nicht selbst synthetisieren.

4.6 Übungen

1. Vervollständige:
- Die Blutgruppenantigene des AB0-Systems werden ________________ vererbt.
- Die Sichelzellenanämie wird durch eine ________________ verursacht.
- Eine wichtige spontane Mutation ist die ____________ von ____________.
- Wenn Merkmale sowohl von den Genen einer Person als auch von ihrer Umwelt beeinflusst werden, spricht man von ______________ ___________.

2. Nenne den Erbgang für die folgenden Erkrankungen:
a) Hämophilie
b) Marfan-Syndrom
c) PKU

3. Welche Aussage ist falsch?
a) Der Muskeldystrophie Duchenne liegt in der Regel eine Verschiebung des Leserasters zugrunde.
b) Heterogenie bezeichnet den Umstand, dass Veränderungen in einem Gen mehrere Merkmale beeinflussen können.
c) Mitochondriale Erbkrankheiten werden maternal vererbt.
d) Tritt eine autosomal-dominante Erkrankung nicht auf, obwohl ein kranken Allel vorhanden ist, kann unvollständige Penetranz eine Ursache sein.

4. Beschreibe die Pathogenese des Morbus haemolyticus neonatorum.

KAPITEL

5 Mikrobiologie – Klein und manchmal gemein

Vieles, was ihr in diesem Kapitel lernt, wird in der Klinik wieder relevant. Da die Mikrobiologie zudem noch gern gefragt wird, lohnt sich aufmerksames Lesen gleich doppelt.

Wir werden uns mit grundlegendem Wissen zu Bakterien, Pilzen, Viren und Prionen befassen, wobei auf die Bakterien der größte Teil entfällt.

5.1 Bakterien

Bakterien gehören zu den **Prokaryonten,** die wir ganz am Anfang dieses Buchs kennengelernt haben. Da wir Menschen zu den Eukaryonten gehören, gibt es einige wichtige Besonderheiten im Aufbau der Zellen, auf die wir als Erstes eingehen wollen. Mit diesem Wissen zur Struktur der Bakterienzellen, werdet ihr euch die weiteren Fakten leicht einprägen können.

5.1.1 Aufbau

Das wichtigste Merkmal der Prokaryonten: Sie besitzen keinen Zellkern, sondern ein Kernäquivalent (Nucleoid), d. h. ein geschlossenes, auf engen Raum gepacktes, Bakterienchromosom. Wir haben bereits diverse Merkmale der Bakterienzelle kennengelernt, von denen einige jetzt nochmal aufgegriffen werden. Alle relevanten Charakteristika findet ihr in der Tabelle am Ende dieses Kapitels.

FÜR AHNUNGSLOSE

Kann man die Begriffe „Bakterien" und „Prokaryonten" synonym verwenden? Der Begriff Prokaryonten beinhaltet die Bakterien, aber er umfasst zusätzlich noch die **Archaeen.** Da diese im Medizinstudium nicht relevant sind (es sind auch keine humanpathogenen Arten bekannt), wollen wir an dieser Stelle nicht weiter auf sie eingehen. Nur so viel: Auch wenn ihr noch nie von ihnen gehört habt, habt ihr wahrscheinlich gerade welche im Mund.

5

- **DNA:** Das Kernäquivalent ist nicht von einer Membran umgeben und besitzt keine Histone. Da Bakterien nur ein Chromosom besitzen, ist die DNA zwar **doppelsträngig** aber der Chromosomensatz selbstverständlich **haploid.** Da das Chromosom **ringförmig** ist, reicht ein einzelner Origin of Replication (ORI) aus, um die gesamte DNA zu replizieren. Eine weitere Besonderheit der Bakterien-DNA: Es gibt **keine Introns** und entsprechend muss auch nicht gespleißt werden!
  Die Gene sind in Form von Funktionseinheiten organisiert, die **Operons** genannt werden. Auf diese Weise wird die Aktivität des Gens reguliert. Wie funktioniert so ein Operon? Die Details zu diesem Thema werden euch noch in der Biochemie begegnen, deswegen nur das Wichtigste: Die RNA-Polymerase bindet an den Promotor. Zwischen dem Promotor des Gens und den Bereichen, die die Proteine codieren, liegt ein DNA-Abschnitt, der **Operator** genannt wird. An diesen Bereich kann ein sogenannter **Repressor** binden und auf diese Weise die Arbeit der RNA-Polymerase blockieren. Der Repressor kann natürlich gehemmt werden, sonst könnte keine Transkription stattfinden. Beispielsweise kann der Zucker Lactose den Repressor für die Enzyme, die zum Lactoseabbau notwendig sind, hemmen. Diese werden dann synthetisiert und die Lactose kann abgebaut werden. Das hat natürlich den Vorteil, dass die Zelle in Abwesenheit von Lactose diese Enzyme nicht synthetisiert und keine Ressourcen verschwendet (➤ Abb. 5.1). Operons sind in einigen Bakterien auch für die Resistenz gegen bestimmte Antibiotika bedeutsam: Sie besitzen ein Resistenzgen gegen das Antibiotikum Tetracyclin. Die Translation dieses Gens in ein Protein wird aber normalerweise von einem Repressor (der an die Operator-DNA bindet) unterdrückt. Gelangt nun aber Tetracyclin in die Zelle, bindet es an den Repressor und die Resistenzgene werden synthetisiert, sodass das Bakterium die Antibiotikatherapie übersteht.
  Zum Abschluss: Bei Bakterien enthält eine mRNA häufig Informationen für mehrere verschieden Proteine. Man bezeichnet sie dann als **polycistronisch.**
- **Plasmide:** Bakterien besitzen nicht nur DNA in ihrem Kernäquivalent, sondern verfügen zusätzlich über **extrachromosomale, ringförmige DNA,** die im Zytoplasma schwimmt. Diese sogenannten **Plasmide** (es kann durchaus auch mehrere geben) werden unabhängig vom restlichen Genom repliziert und dann zufällig auf die Tochterzellen verteilt. Wofür codieren Plasmide? Sie enthalten z. B. Resistenzen gegen Antibiotika **(R-Plasmid).** Außerdem können Proteine produziert werden, die die Virulenz des Bakteriums steigern oder es dem Bakterium ermöglichen, seine Plasmide an andere Bakterien weiterzugeben **(Fertilitätsplasmid, F-Plasmid).** Wie Plasmide von einem Bakterium zum anderen gelangen, sodass sich Antibiotikaresistenzen ausbreiten können, werden wir später im Kapitel besprechen.

FÜR AHNUNGSLOSE

Was kann man sich unter „Resistenzen gegen Antibiotika" vorstellen? Sie verhindern, dass das Bakterium von den Antibiotika abgetötet wird. So können die Plasmide z. B. für Proteine codieren, die das Antibiotikum aus den Zellen transportieren **(Efflux-Pumpen)** oder es durch Spaltung bestimmter Strukturen inaktivieren **(β-Lactamasen).**

Sind die Begriffe **Pathogenität** und **Virulenz** Synonyme? Pathogenität ist die Fähigkeit einer Spezies, Krankheiten zu verursachen. Der Begriff Virulenz wird tatsächlich häufig synonym verwendet, kann aber auch das Verhältnis von der Menge der Mikroorganismen zur

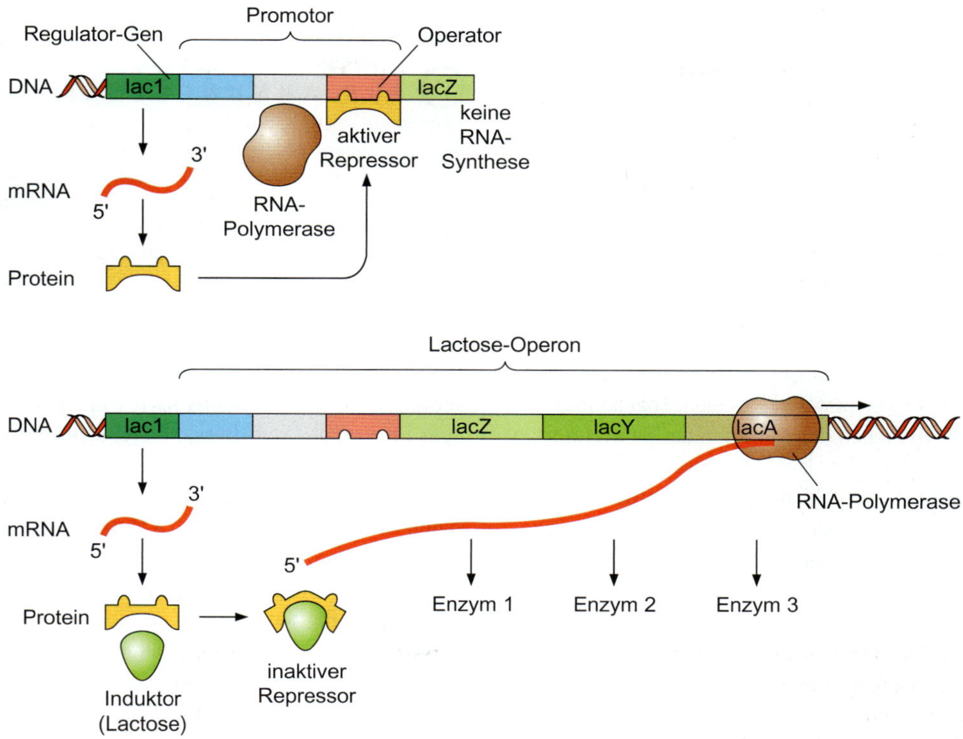

Abb. 5.1 Das Lactose-Operon – die drei Enzyme lacZ, lacY und lacA werden nur in Anwesenheit von Lactose transkribiert [L253]

Schwere der verursachten Krankheit, also gewissermaßen das Ausmaß der Pathogenität bezeichnen. Plasmide, die die Virulenz steigern, codieren z. B. für **Exotoxine,** also Stoffe, die von den Bakterien abgegeben werden und den Wirtsorganismus schädigen.

- Organellen: Dieser Abschnitt fällt im Vergleich zu den Eukaryonten wesentlich kürzer aus. In der **Prokaryontenzelle** ist nämlich die Kompartimentierung, also die Untergliederung der Zelle in Reaktionsräume, wesentlich geringer ausgeprägt – Mitochondrien, Golgi-Apparat und ER fehlen. Findet in Bakterien dann keine **Atmungskette** statt? Doch, denn die Enzyme der Atmungskette können in der Membran der Bakterienzelle lokalisiert sein, über die dann auch der Protonengradient aufgebaut wird.
- **Ribosomen:** Wir haben bereits gelernt, dass sich die bakteriellen Ribosomen von denen der Eukaryonten unterscheiden. Bakterien besitzen (wie die Mitochondrien) **70S-Ribosomen,** die aus einer **50S-** und einer **30S-**Untereinheit bestehen. Diesen Unterschied macht man sich bei der Antibiotikatherapie zunutze. Außerdem wissenswert: Auf den mRNAs der Prokaryonten gibt es die **Shine-Delgarno-Sequenz,** eine Basenfolge, die dafür sorgt, dass die mRNA von den Ribosomen erkannt wird und binden kann.
- **Zellmembran und Zellwand:** Bakterien besitzen wie die Eukaryonten eine Zellmembran, die aber, genau wie die innere Mitochondrienmembran, **kein Cholesterin** enthält. Zusätzlich aber besitzen Bakterien noch eine **Zellwand,** die der Zelle eine feste Form gibt. Da dieses Thema sehr prüfungsrelevant ist, werden wir darauf nochmal separat eingehen.
- **Flagellen:** Viele Bakterien sind in der Lage, sich aktiv fortzubewegen und nutzen dafür Flagellen, die ihr euch wie eine Schiffsschraube an der Bakterienoberfläche vorstellen könnt. Das Flagellum selbst wird dabei nicht verformt, sondern gedreht. Bakterien können mehrere Flagellen auf der gesamten Zelle **(peritrich)** oder nur ein einzelnes Flagellum **(monotrich)** aufweisen. Besit-

zen sie an zwei gegenüberliegenden Zellpolen Flagellen, spricht man von amphitrich, wohingegen Bakterien, deren Flagellen sich auf einen Zellpol konzentrieren, als lophotrich bezeichnet werden.
Manche Autoren verwenden den Begriff „Flagellen" ausschließlich für Bakterien und unterscheiden davon die „Geißeln" der Eukaryonten. In vielen Lehrbüchern werden beide Begriffe allerdings synonym verwendet.

- **Pili:** Pili, die auch **Fimbrien** genannt werden, sind ebenfalls Strukturen auf der Bakterienoberfläche, die aber im Gegensatz zu den Flagellen nicht der Fortbewegung dienen. Sogenannte **Haftpili** dienen der Adhäsion des Bakteriums an Strukturen in der Umgebung während die **Konjugations- oder Sexpili** genutzt werden, um Plasmide zwischen den Bakterien zu übertragen.
- **Kapsel:** Manche Bakterien umgeben sich mit einer **Kapsel aus Polysacchariden,** die Wassermoleküle binden und so einen zähen Schleim bilden. Die Kapsel schützt die Bakterien vor der Phagozytose z. B. durch Zellen des Immunsystems. Als das Beispiel schlechthin für kapselbildende Bakterien solltet ihr euch schon jetzt die **Pneumokokken** merken.

In ➤ Abb. 5.2 sind zum Vergleich die Bestandteile einer Prokaryonten- und einer Eukaryontenzelle dargestellt.

FÜR DIE KLAUSUR

Wenn ihr richtig Eindruck schinden wollt, könnt ihr euch auch noch mehr Beispiele merken:

SHiNE SKiS

Streptococcus pneumoniae, Haemophilus influenzae b, Neisseria meningitidis, E. coli, Salmonella, Klebsiella, (B)-**S**treptokokken

5.1.2 Bakterielle Zellwand und Zellmembran

Bakterien besitzen zusätzlich zur Zellmembran eine Zellwand, die für verbesserten Schutz sorgt. Da sie zudem die Zielstruktur für einige Antibiotika ist, sollten wir uns mit ihrem Aufbau vertraut machen.

Der wichtigste Bestandteil der Bakterienzellwand ist das **Murein,** ein **Pepitdoglycan,** das zu einer vielschichtigen Struktur, dem sogenannten **Mureinsacculus,** vernetzt ist.

FÜR AHNUNGSLOSE

Was ist ein Peptidoglykan? Aus dem Namen kann man es schon erahnen: Ein Peptidoglykan besteht aus Protein und Zucker. Beim Murein besteht der Zuckeranteil aus langen Ketten, in denen sich Moleküle von *N*-**Acetylmuraminsäure (NAM)** und *N*-**Acetylglucosamin (NAG)** abwechseln. Diese werden von Peptiden quervernetzt, sodass ein festes Geflecht entsteht.

Die bakterielle Zellwand ist nicht nur das Ziel von diversen Antibiotika, sondern auch von **Lysozym,** einem Enzym, das von diversen Organismen zur Abwehr von Bakterien abgegeben wird (z. B. im Speichel oder in der Tränenflüssigkeit) und die **glykosidischen Bindungen zwischen NAM und NAG** spaltet.

Es gibt allerdings auch Bakterien, die ohne Zellwand auskommen. Die zwei prominentesten Beispiele solltet ihr kennen:

- **Mykoplasmen:** Die Mykoplasmen sind zwar sehr klein, können aber zu einem großen Problem werden. Im Studium begegnen euch am häufigsten **Mycoplasma pneumoniae** als Erreger der atypischen Pneumonie. Da Mykoplasmen keine Zellwand besitzen, zeigen sie sich von Antibiotika, die an der Zellwandsynthese angreifen (z. B. Penicillin), weitgehend unbeeindruckt.
- **L-Formen:** Einige Bakterien, die von Natur aus eine Zellwand besitzen, sind in der Lage, auch ohne diese zu überleben. So kann es z. B. durch eine Therapie mit einem Antibiotikum, das an der Zellwandsynthese angreift, dazu kommen, dass die Bakterien sich plötzlich mit ihrer Zellmembran begnügen und keine Zellwand mehr ausbilden. Entsprechend verfehlt das Antibiotikum dann seinen Zweck. Die zellwandlose Form der Bakterien wird nach ihrem Entdeckungsort, dem Lister-Institut in London, L-Form genannt.

! ACHTUNG!

Verwechselt die **Mykoplasmen** nicht mit den **Mykobakterien,** die ihr noch kennenlernen werdet. Mykobakterien besitzen nämlich sehr wohl eine Zellwand (sogar eine ziemlich massive). Falls ihr durcheinander kommt:

MykoPLASMEN bestehen fast nur aus (Zyto)**PLASMA,** haben also keine Zellwand.

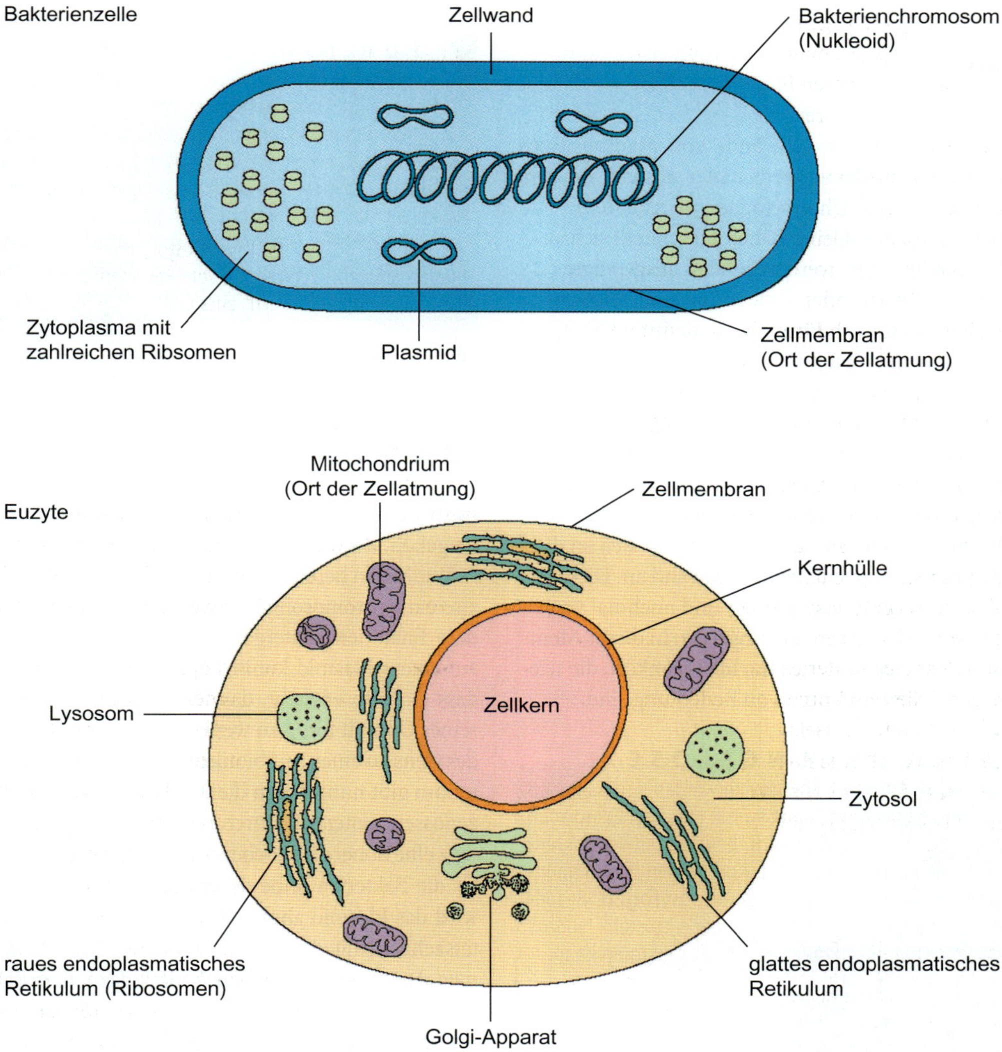

Abb. 5.2 Bakterienzelle und eukaryontische Zelle im Vergleich [G157]

Zwar besitzen fast alle Bakterien eine Zellwand, aber diese ist nicht bei allen gleich ausgeprägt. Man kann die Bakterien sogar anhand der Unterschiede im Aufbau ihrer Zellwand unterteilen und zwar in **grampositive** und **gramnegative** Arten.

Die Begriffe grampositiv und gramnegativ leiten sich von der Gramfärbung ab, deren Ablauf ihr grob kennen solltet:

1. Die Zellen werden mit einem violetten Farbstoff (Karbol-Gentianaviolett) gefärbt.
2. Dann versucht man die Färbung mit hochprozentigem Alkohol auszuwaschen …
3. … und die Zellen mit einem Farbstoff namens Karbolfuchsin rot zu färben.

Gramnegative Bakterien durchlaufen diesen Prozess und sind folglich am Ende rot gefärbt. Grampositive Bakterien sind dagegen durch eine Zellwand gekennzeichnet, die aus wesentlich mehr Mureinschichten besteht, als die der gramnegativen. Bei ihnen wird die blaue Färbung durch den Alkohol nicht ausgewaschen, sodass die Zellen trotz der anschließenden Behandlung mit dem roten Farbstoff violett/blau bleiben.

5

LERNTIPP
grampositiv = **p**(b)lau

Wenn man sich die Zellwände von grampositiven und -negativen Bakterien genauer ansieht, erkennt man noch weitere Unterschiede (➤ Abb. 5.3):

- Bei den grampositiven Bakterien schließt sich außen an die Zellmembran die stark ausgeprägte Zellwand an. In der Zellmembran sind **Teichonsäuren** verankert, die durch die Zellwand hindurchlaufen und nach extrazellulär ragen. Die Teichonsäuren fungieren als **Chelatoren,** halten also Ionen fest, und erhöhen dabei die Stabilität der Zellwand. Übrigens: Die ebenfalls verwendete Bezeichnung **Lipoteichonsäure** macht nur deutlich, dass die Teichonsäuren in Lipiden verankert sind.
- Bei gramnegativen Bakterien schließt sich an die Zellmembran ebenfalls die Zellwand an. Diese ist allerdings wesentlich dünner und nochmal von einer **äußeren Membran** umgeben. In dieser Membran sind **Lipopolysaccharide** verankert, die wiederum als **Endotoxine** von Bedeutung sind.

FÜR AHNUNGSLOSE
Was sind Endotoxine? Endotoxine werden von Bakterien nicht aktiv abgegeben (dann würde man von Exotoxinen sprechen), sondern werden z. B. beim Zerfall der Bakterien frei. Sie können dann beim Kontakt mit dem Immunsystem zu Fieber führen, wirken also **pyrogen.** Besonders fies: Einige Endotoxine sind sehr hitzestabil, sodass man sie nicht einfach durch Abkochen zerstören kann.

FÜR DIE KLAUSUR
Gelegentlich wird in Examen nach **Toll-Like Receptors (TLRs)** gefragt. Dabei handelt es sich um Rezeptoren, die auf Makrophagen sitzen und diesen dabei helfen, Krankheitserreger zu erkennen. Wie machen sie das? Die TLRs erkennen Moleküle oder Strukturen innerhalb von Molekülen, die auf Krankheitserregern gehäuft auftreten, sogenannte **PAMPs (Pathogen-Associated Molecular Patterns).** Ein Beispiel für PAMPs sind die Lipopolysaccharide. Aufgrund der Fähigkeit, pathogene Strukturen zu erkennen, zählt man die TLRs zu den **Pattern-Recogniton Receptors (PRRs).**

5.1.3 Besonderheiten

In diesem Kapitel wollen wir nun auf einige Dinge eingehen, die die Bakterien so effizient machen.

Wir haben bereits gelernt, dass Bakterien Plasmide, also extrachromosomale DNA, besitzen, die sie an andere Bakterien weitergeben können. Angenommen, auf einem Plasmid kommt es zu einer Mutation, sodass ein Gen entsteht, das dem Bakterium hilft, mit seiner Umwelt fertig zu werden, z. B. weil das Produkt des Gens zu einer Antibiotikaresistenz führt. Das Bakterium gibt nun Kopien dieses Plasmids an seine Artgenossen weiter, die durch die neue Antibiotikaresistenz eine höhere Überlebenswahrscheinlichkeit haben als die Bakterien ohne das Plasmid. Richtig hilfreich wird das Plasmid aber erst, wenn die Bakterien auch tatsächlich mit dem Antibiotikum in Kontakt kommen. Dieser **Selektionsdruck** führt dazu, dass Bakterien ohne das Plasmid sterben. Unsere Bakterien mit

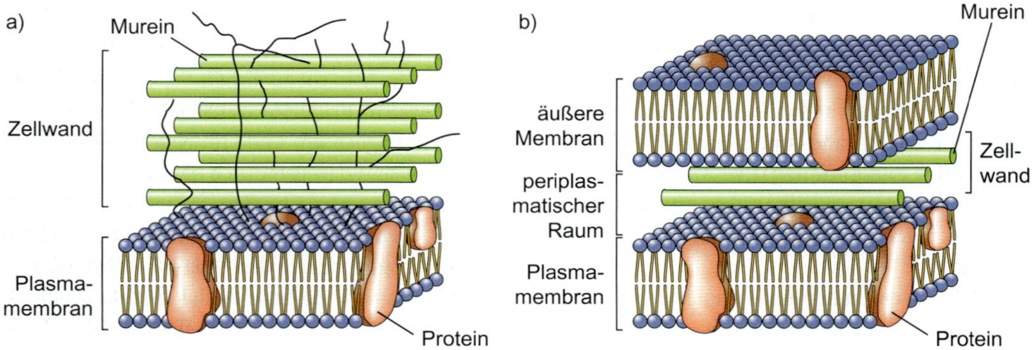

Abb. 5.3 Zellwand und Zellmembran bei grampositiven (a) und gramnegativen (b) Bakterien [L253]

5

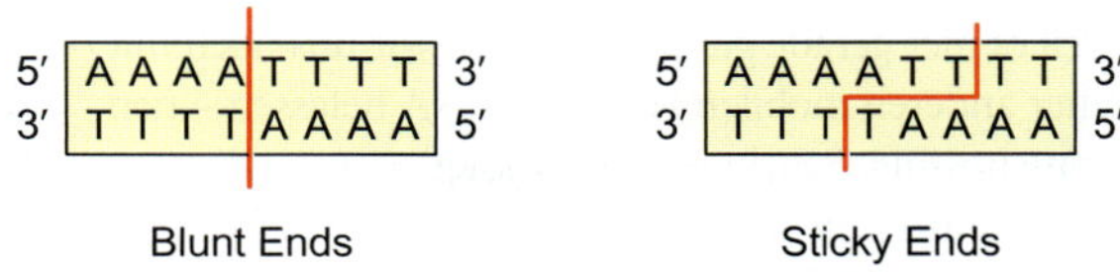

Abb. 5.4 Blunt Ends und Sticky Ends [L253]

Antibiotikaresistenz müssen nun nicht mehr mit den anderen Bakterien um die begrenzten Ressourcen (Platz, Nährstoffe etc.) konkurrieren und können sich stark vermehren, sodass sehr viele Bakterien mit Antibiotikaresistenz entstehen.

Ihr seht: Die Fähigkeit zur Weitergabe von Plasmiden ist für Bakterien extrem nützlich. Da es sich gewissermaßen um eine Art der Fortpflanzung (wenn auch ohne die Entstehung von Keimzellen) handelt, spricht man wahlweise von **Parasexualität oder horizontalem Gentransfer.** Den Bakterien stehen dafür drei sehr gern geprüfte Möglichkeiten zur Verfügung:

- **Transformation:** Bakterien können unter bestimmten Bedingungen **freie DNA** aufnehmen. Im Labor kann man die Bakterien auch dazu „zwingen", freie DNA aufzunehmen, damit sie sich danach zusammen mit dem aufgenommenen Plasmid vermehren. Abschließend isoliert man die Plasmide wieder und hat die Bakterien gewissermaßen als biologischen Kopierer genutzt.
- **Konjugation:** Die Konjugation kommt unserer Vorstellung von Fortpflanzung noch am nächsten. Dabei bilden Bakterien, die über einen Fertilitätsfaktor verfügen (man bezeichnet sie auch als F^+), einen **Fertilitäts- bzw. Sexpilus** aus, über den die Plasmide direkt von einem Bakterium zum nächsten gelangen können.
- **Transduktion:** Bei der Transduktion wird die Bakterien-DNA durch Viren übertragen. Dabei ist der **Bakteriophage** (so bezeichnet man Viren, die sich auf Prokaryonten spezialisiert haben) in erster Linie darauf aus, seine eigene Erbinformation in das bakterielle Genom zu integrieren. Dass dabei gelegentlich auch Teile der bakteriellen DNA mitgenommen werden, ist ein eher für die Bakterien nützlicher Nebeneffekt.

LERNTIPP

- Bei der **K**onjugation sind die Bakterien **(K)**onnected, also über einen Fertilitätspilus verbunden.
- Bei der Trans**F**ormation geht es um die Aufnahme **F**reier DNA.
- Übrig bleibt die Transduktion, die mithilfe von Viren stattfindet.

Die Fähigkeit, DNA aufzunehmen, ist allerdings nicht ganz ohne Risiko: Wenn z. B. fremde DNA – also die einer anderen Spezies – in die Zelle gelangt, kann diese zum Problem werden. Aus diesem Grund besitzen Bakterien in ihrem Zytoplasma Enzyme namens **Restriktionsendonucleasen.**

FÜR AHNUNGSLOSE

Was verrät uns der Name „Restriktionsendonuclease"? Nucleasen sind Enzyme, die DNA oder RNA spalten. Die Silbe „endo" macht deutlich, dass die Spaltung mitten im Molekül und nicht nur an den Rändern stattfindet, was auch sinnvoll ist, wenn man die DNA zerstören möchte.

Die Restriktionsendonucleasen spalten die DNA an **palindromischen Sequenzen.** Palindromische Sequenzen sind Abschnitte der DNA, die sich auf beiden Strängen des Doppelstrangs gleich lesen.

Bei der Spaltung eines Doppelstrangs durch Restriktionsendonucleasen können **Blunt** oder **Sticky Ends** entstehen (➤ Abb. 5.4).

- Blunt Ends: Bei der Entstehung von Blunt Ends schneidet das Enzym auf dem kürzesten Weg einmal durch den Doppelstrang. Die Chance, dass die zwei Fragmente wieder zusammenfinden, ist relativ gering.
- Sticky Ends: Schneidet das Enzym Sticky Ends, entstehen an den Enden der Doppelstrangfragmente kleine Einzelstränge, die zueinander komplementär sind. Da sich zwischen ihnen erneut Wasserstoffbrückenbindungen ausbilden können, besteht die Chance, dass sich die Stränge wieder zusammenlagern. Dann muss nur noch eine DNA-Ligase das Zucker-Phosphat-Rückgrat verbinden und der Doppelstrang ist so gut wie neu. Schneidet man ein Gen und ein Plasmid mit den gleichen Restriktionsenzymen, kann man das Gen in das Plasmid einbauen, weshalb diese Enzyme auch im Labor von großer Bedeutung sind.

Weil es hier gerade gut passt, wollen wir uns noch mit einer anderen mobilen Form der DNA befassen – den **Transposons.** Beachtet aber: Im Gegensatz zu den anderen Dingen in diesem Kapitel, gibt es Transposons nicht nur bei Bakterien, sondern unter anderem auch in Pflanzen und im Menschen. Transposons sind Abschnitte der DNA, die ihre Position im Genom verändern können. Die Transposons sind dabei häufig **von repetitiver DNA umgeben.** Transposons können der Zelle Vorteile verschaffen, wobei eine übermäßige Aktivität auch die **Gefahr der Zerstörung der DNA** birgt.

Man unterscheidet einerseits **Klasse-I-Transposons (Retrotransposons),** bei denen zunächst die DNA in RNA transkribiert wird. Die RNA wird dabei von einer reversen Transkriptase wieder in DNA umgeschrieben, die dann an anderer Stelle wieder ins Genom eingebaut wird (copy and paste). Bei den **Klasse-II-Transposons (DNA-Transposons)** andererseits wird das Gen direkt herausgeschnitten und an einer anderen Stelle in die DNA eingebaut (cut and paste).

5

So weit so gut – aber was macht das Bakterium, wenn mal schlechtere Zeiten kommen? Manche Bakterienarten können sich mittels **Sporulation** helfen. Das Bakterium bildet (Endo)Sporen, die durch einen stark reduzierten bzw. nicht existenten Stoffwechsel auch mit wenig Nährstoffen und ungünstigen Temperaturen kein Problem haben. Die Sporen enthalten DNA und ein wenig Wasser, gut geschützt von einer soliden Wand. Wenn die Umweltbedingungen wieder besser werden, kann aus einer Spore wieder die aktive **(vegetative)** Form des Bakteriums entstehen. Die zwei prominentesten Bakteriengattungen, die Sporen bilden können, sind ***Clostridium*** und ***Bacillus***.

Übrigens: Der Aufbau von Sporen macht sie nicht nur resistent gegen Nährstoffmangel und ungünstige Temperaturen, sondern stellt auch viele Desinfektionsverfahren vor große Probleme.

! ACHTUNG!

Die Sporen der Bakterien dienen lediglich zum **Überleben.** Wir werden auch noch die **Sporen der Pilze kennenlernen,** mit denen diese sich vermehren.

5.1.4 Wachstumsverhalten

Welche Bedingungen müssen erfüllt sein, damit Bakterien wachsen und wie gestaltet sich dieses Wachstum? Natürlich unterscheiden sich die Bakteriengattungen in ihren Anforderungen, aber nichtsdestotrotz kann man einige Gemeinsamkeiten finden:

- **Temperatur:** Die Bakterien, die ihr im Rahmen eures Medizinstudiums kennenlernen werdet, sind in der Regel an den Mensch als Wirt angepasst und z. T. sogar humanpathogen. Entsprechend liegt ihr Temperaturoptimum, also die Temperatur, bei der sie am besten wachsen, bei 37 °C.
- **pH-Wert:** Beim pH-Wert gibt es kein einheitliches pH-Optimum, denn schließlich gibt es auch verschiedene pH-Werte im menschlichen Körper. Ein Großteil der Bakterien mag es eher neutral, während z. B. ***Helicobacter pylori*** an den sauren pH des Magens angepasst ist und dort Entzündungen der Magenschleimhaut (Gastritis) auslösen kann.
- **Nährstoffe:** Auch Bakterien brauchen Nährstoffe, aber die sind im menschlichen Körper natürlich reichlich vorhanden. Im Labor werden die Bakterien in der Regel mit **Glucose und Pepton** (einem Gemisch aus verschiedenen Peptiden) versorgt. Die Anzucht der Bakterien kann dabei in flüssigen Nährlösungen oder auf Nährböden stattfinden. Der Hauptbestandteil der Nährböden ist in der Regel **Agar** (ein Polysaccharid).
- **Sauerstoff:** Da sich die Menge an verfügbarem Sauerstoff zwischen Mundhöhle, Darm, Haut und Urogenitaltrakt offensichtlich stark unterscheidet, ist es nur logisch, dass es auch bei den Bakterien unterschiedliche Präferenzen hinsichtlich der Sauerstoffkonzentration gibt. Man unterscheidet **obligat aerobe Bakterien,** die auf Sauerstoff angewiesen sind, von **fakultativ aeroben Bakterien** die auch ohne Sauerstoff überleben können. Dafür setzen sie wahlweise auf **Gärung** oder **anaerobe Atmung,** die euch in der Biochemie im Detail beschäftigen werden.
  Es gibt allerdings auch Bakterien, die nur in Abwesenheit von Sauerstoff überleben können, man spricht von **obligat anaeroben** Arten. Kann ein Bakterium zwar in Anwesenheit von Sauerstoff überleben, aber diesen nicht verstoffwechseln ist es **aerotolerant.** Bakterien, die die Abwesenheit von Sauerstoff bevorzugen, aber auch in Anwesenheit von Sauerstoff wachsen, sind **fakultativ anaerob.** Bakterien die grundsätzlich CO_2 bevorzugen, werden allgemein als **capnophil** bezeichnet.

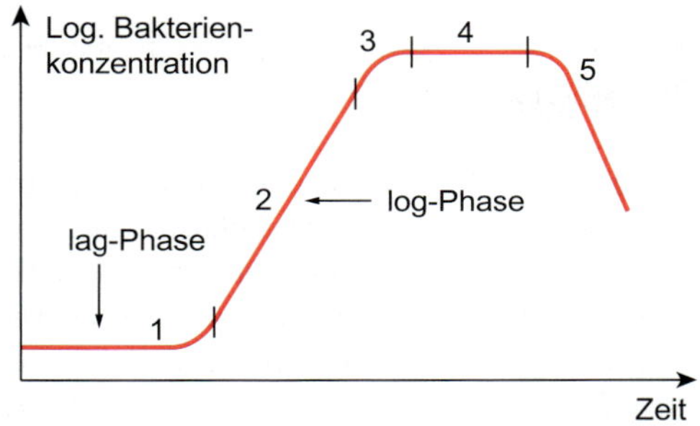

Abb. 5.5 Wachstumskurve von Bakterien:
1. Lag Phase
2. Log Phase
3. Retardationsphase
4. stationäre Phase
5. Absterbephase [L253]

Wenn nun die Voraussetzungen, damit unser Bakterium wachsen kann, erfüllt sind, ergibt sich eine charakteristische Wachstumskurve (➤ Abb. 5.5):

1. **Latenzphase (Lag Phase):** Während dieser Zeit passt sich das Bakterium an die ihm zur Verfügung stehenden Nährstoffe an. Da die Bakterien, was die Zellteilung angeht, in dieser Zeit noch nicht „Vollgas" geben können, steigt die Kurve zunächst noch nicht so steil an.
2. **Exponentielle Phase (Log Phase):** Hier teilen sich die Bakterien mit maximaler Geschwindigkeit. Da aus jedem Bakterium zwei neue entstehen, verlauft die Kurve exponentiell (dieser Fakt wird allerdings in der Grafik durch die logarithmische Y-Achse verschleiert).
3. **Stationäre Phase:** Das enorme Wachstum der Bakterien verbraucht natürlich die vorhandenen Nährstoffe. Mit Beginn des Nährstoffmangels verlangsamt sich das Wachstum (manche Autoren sprechen von der **Retardationsphase**) so lange, bis genau so viele Bakterien sterben, wie neue entstehen. Die Zahl der Bakterien bleibt dann konstant.
4. **Absterbephase:** Wenn die Nährstoffe aufgebraucht sind oder die Ausscheidungsprodukte der Bakterien toxische Konzentrationen erreichen, sterben die Bakterien und die Wachstumskurve beginnt zu fallen.

Wie schnell Bakterien wachsen können, hängt neben den Bedingungen natürlich auch von der Bakteriengattung ab. Während *Escherichia coli* sich alle 20 Min. teilen kann, also eine Generations- bzw. Reduplikationszeit von nur 20 min besitzt, brauchen andere Arten, wie die Mykobakterien (nicht Mykoplasmen!), aufgrund ihrer aufwendigen Zellwandsynthese wesentlich länger.

5.1.5 Antibiotika

Man unterscheidet bei den Antibiotika, die wir zur Bekämpfung von Bakterien einsetzen, zwischen **bakteriziden** und **bakteriostatischen** Mitteln. Bakterizide Antibiotika töten Bakterien, wohingegen bakteriostatische Stoffe lediglich ihr Wachstum hemmen.

Von den Antibiotika, die ihr in der Vorklinik kennen solltet, haben wir erfreulicherweise schon einen großen Teil bei den Hemmstoffen der Translation besprochen. Auch den Begriff der Resistenz haben wir schon kennengelernt, sodass wir nur nochmal kurz auf das **Penicillin** eingehen müssen:

Ihr habt bereits gelernt, dass Penicillin die Zellwandsynthese hemmt. Genauer gesagt hemmt es die Aktivität der **Transpeptidase,** die bei grampositiven Zellen das Murein vernetzt. Damit die Hemmung der Transpeptidase tatsächlich einen Effekt auf die Bakterienpopulation hat, müssen sich die Zellen allerdings teilen – sonst findet quasi keine Zellwandsynthese statt. Da sich bei einer akuten Infektion die Bakterien aber meistens stärker teilen, als dem Patienten lieb ist, stellt dieser Faktor in der Regel kein Problem dar.

Übrigens: Penicillin gehört zu den **β-Lactam-Antibiotika.** Genau dieser β-Lactam-Ring wird von den **β-Lactamasen,** die einige Bakterien als Resistenz besitzen, gespalten.

FÜR AHNUNGSLOSE

Was sind Lactame? Lactame sind **intramolekulare, cyclische Amide.** Was sind Amide? Amide sind funktionelle Gruppen, die bei der Reaktion einer Aminogruppe mit einer Carboxylgruppe entstehen. Findet diese Reaktion innerhalb eines Moleküls statt und entsteht dabei ein Ring, spricht man von einem Lactam.

5.1.6 Klassifikation und wichtige Vertreter

Wir haben bereits gelernt, dass die Einteilung in grampositive und gramnegative Arten eine Möglich-

5

keit darstellt, um Bakterien zu klassifizieren. Da Bakterien zudem über eine relativ starre Zellwand verfügen, besitzen sie eine definierte Form. Am relevantesten sind dabei die Kugelbakterien **(Kokken)**, die **Stäbchen** und die helix- bzw. wendelförmigen **Spirochäten.** Außerdem sind manche Bakterienarten nicht gern allein. Gerade bei den Kugelbakterien gibt es Arten die grundsätzlich nur paarweise **(Diplokokken)**, in Haufen **(Staphylokokken)** oder zu langen Ketten aneinandergereiht **(Streptokokken)** vorkommen (➤ Abb. 5.6). In der folgenden Tabelle findet ihr die Bakterien, die man spätestens für das Physikum kennen sollte. Bei den Erkrankungen reicht in der Regel das erste Beispiel. Danach werden wir noch auf einige Fakten zu den besonders prüfungsrelevanten Vertretern eingehen.

LERNTIPP

Wenn ihr in der mündlichen Prüfung zeigen wollt, was ihr könnt, nennt eurem Prüfer diese Auswahl der durch **Streptococcus pyogenes** verursachten Erkrankungen: **NIPPLES:**

- **N**ekrotisierende Fasziitis
- **I**mpetigo (Hauterkrankung)
- **P**haryngitis
- **P**neumonie
- **L**ymphangitis
- **E**rysipel
- **S**charlach

Wir beginnen unsere Besprechung der Prüfungsfragen-Dauerbrenner mit dem Bakterium, das euch auch in der Klinik leider öfters begegnen wird – dem **Methicillin-resistenten *Staphylococcus aureus*.** Dieser Keim ist gegen sämtliche β-Lactam-Antibiotika (und leider meistens auch noch einige andere) resistent und somit schwer zu therapieren. Der Schlüssel zur Lösung des Problems ist die Isolation betroffener Patienten sowie die konsequente Einhaltung von Hygienemaßnahmen, da nur noch wenige Reserveantibiotika wie **Vancomycin** zur Verfügung stehen. Auch andere Keime weisen bereits solche **Multiresistenzen** auf. Ein erwähnenswertes Beispiel sind die **Vancomycin-resistenten Enterokokken.**

Nun kommen wir zur Gattung der gramnegativen **Chlamydien,** die unter anderem Entzündungen der Lunge und des Genitalbereichs verursachen können. Ihr solltet euch aber vor allem merken, dass sich Chlamydien nur innerhalb einer Wirtszelle vermehren können – sie sind **obligat intrazellulär.**

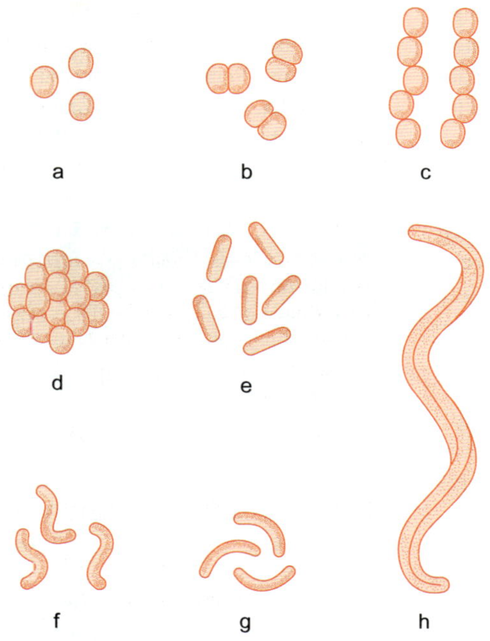

Abb. 5.6 Morphologie der Bakterien:
a) Kokken
b) Diplokokken
c) Streptokokken
d) Staphylokokken
e) Stäbchen
f) Spirillen
g) Vibrionen (gekrümmte Stäbchen)
h) Spirochäten [L231]

Der bekannteste Vertreter der Mykobakterien ist ***M. tuberculosis***, der Erreger der Tuberkulose. Mykobakterien werden zu den **„säurefesten Stäbchen"** gezählt. Sie lassen sich mit der Gramfärbung nur sehr schlecht färben. Der Aufbau der Zellwand ähnelt zwar dem der grampositiven Bakterien, sie verfügt aber zudem über einen hohen Lipidgehalt (ein Bestandteil ist die namensgebende Fettsäure **Mykolsäure).** Dies macht die Synthese sehr aufwendig und führt zu der **langen Generationszeit von bis zu 24 h.** Mit bestimmten Stoffen kann man die Mykobakterien trotzdem färben, und ist die Farbe einmal in der Zelle, sind weder Alkohol noch Säuren in der Lage, sie wieder zu entfärben. Daher kommt die Bezeichnung „säurefeste Stäbchen". Die Färbemethode, mit der man versucht, säurefeste Bakterien nachzuweisen, wird **Ziehl-Neelsen-Färbung** genannt.

Zu guter Letzt betrachten wir die vier wichtigsten Vertreter aus der Gattung der **obligat-anaeroben Clostridien.**

- ***Clostridium tetani:*** Das Bakterium *Clostridium tetani* produziert das **Tetanospasmin,** ein Toxin, das ein Protein des SNARE-Komplexes namens **Synaptobrevin** spaltet. Die betroffenen Neurone können dann ihre Neurotransmitter nicht mehr ausschütten. Da vorwiegend inhibitorische (also hemmende) Interneurone betroffen sind, kommt es zu **massiven Krämpfen.** Krämpfe der Gesichtsmuskulatur führen dabei zu einem Symptom namens **Risus sardonicus,** dem Teufelsgrinsen. Da Clostridien, wie bereits besprochen, die Fähigkeit zur Bildung langlebiger Sporen besitzen, die fast überall vorkommen, sollte bei Patienten mit Verletzungen der Haut der Impfschutz sichergestellt sein.
- ***Clostridium botulinum:*** Vom Botulinustoxin, dem stärksten bakteriellen Toxin, hat wahrscheinlich jeder schon gehört. Auch dieses Toxin spaltet Komponenten des SNARE-Komplexes, allerdings vor allem in Neuronen, die Acetylcholin an den motorischen Endplatten (also den Verbindungen zwischen Nerv und Muskel) freisetzen. Die Folge: Der Muskel kontrahiert nicht mehr und es kommt zu einer **schlaffen Lähmung,** die, wenn die Atemmuskulatur betroffen ist, tödlich enden kann. Die ersten Symptome treten oft an kleineren Muskeln, wie denen der Augen, oder der Gesichtsmuskulatur auf. Seinen Namen hat das Bakterium vom lateinischen „botulus" (Wurst), da die Sporen oftmals in

5

Tab. 5.1 wichtige Bakterien und Erkrankungen

Gattung	Morphologie/Anfärbbarkeit	Klinik
Staphylococcus	grampositive Haufenkokken	Von einfachen **Abszessen** bis Toxic Shock Syndrom und Sepsis (vor allem *S. aureus*)
Streptococcus	grampositive Kettenkokken	• **Scharlach** • Erysipel • Nekrotisierende Fasziitis (vor allem *S. pyogenes*)
Pneumococcus	grampositive Diplokokken mit **KAPSEL**	• **Pneumonie** • **Meningitis**
Clostridium	grampositive Stäbchen	• **Botulismus** (*C. botulinum*) • **Tetanus** (*C. tetani*) • **Gasbrand** (*C. perfringens*) • **Pseudomembranöse Kolitis** (*C. difficile*)
Mycobacterium	säurefeste Stäbchen	• **Tuberkulose** (*M. tuberculosis*) • Lepra (*M. leprae*)
Neisseria	gramnegative Diplokokken	• **Tripper/Gonorrhö** (*N. gonorrhoeae*) • **Meningitis** (*N. meningitidis*)
Bacillus	grampositive Stäbchen	• **Milzbrand** (*B. anthracis*)
Escherichia	gramnegative Stäbchen	• **Diarrhö** • Harnwegsinfektionen (vor allem *E. coli*)
Helicobacter	gramnegative Stäbchen, gekrümmt	**Gastritis/Magengeschwüre** (*H. pylori*)
Treponema	gramnegative Spirochäten	**Syphilis** (*T. pallidum*)

Wurstkonserven gelangten, in denen sich dann die Bakterien vermehrten, da dort anaerobe Bedingungen herrschen.

- ***Clostridium perfringens:*** Gerade tiefe Wunden sind anfällig für die massivste Form der Wundinfektion, den **Gasbrand.** Dieser wird vor allem durch *C. perfringens* verursacht, dessen Toxine enzymatische Aktivität besitzen und sich regelrecht durch das Gewebe fressen. Namensgebend ist die Entstehung knisternder Gasbläschen im Wundgebiet. Auch wenn eine chirurgische/medikamentöse Therapie erfolgt, kann die Krankheit tödlich enden. *C. perfringens* kann zusätzlich auch **Lebensmittelvergiftungen** verursachen.
- ***Clostridium difficile:*** *C. difficile* kann die **antibiotikaassoziierte** bzw. **pseudomembranöse Kolitis** verursachen. Normalerweise wird das Wachstum von *C. difficile* im Darm durch die Konkurrenz mit den anderen Bakterien der Darmflora gehemmt. Werden diese aber durch eine Antibiotikatherapie ausgelöscht, schlägt die Stunde von *C. difficile,* das sich stark vermehrt und eine Entzündung des Darms sowie Durchfall und Bauchkrämpfe auslöst.

5

5.2 Pilze

Krankheiten, die von Pilzen verursacht werden, bezeichnet man als **Mykosen.** Gegen Pilze kann sich unser Immunsystem aber in der Regel sehr gut zur Wehr setzen, sodass es, wenn überhaupt, nur zu lokalen Infektionen (z. B. „Fußpilz") kommt. Ist das Immunsystem dagegen geschwächt, können Pilze dem Körper auch stärker zusetzen. Es kommt zu einer systemischen Infektion, die tödlich enden kann. Da der Pilz dabei eine sich bietende Gelegenheit (die Schwächung des Immunsystems) nutzt, spricht man auch von einer **opportunistischen Infektion.**

5.2.1 Aufbau

Pilze gehören zu den **Eukaryonten,** besitzen also einen Zellkern (und auch Mitochondrien). Auch wenn man einige aufgrund ihrer Erscheinung den Pflanzen zuordnen möchte, können sie keine Photosynthese betreiben, sind heterotrophe Organismen und bilden innerhalb der Eukaryonten neben Tieren und Pflanzen ein eigenes Reich.

Wichtig: Pilze besitzen neben einer Zellmembran auch eine **Zellwand aus Polysacchariden** (unter anderem **Chitin**). Die Zellmembran enthält anstelle von Cholesterin ein verwandtes Lipid namens **Ergosterin.** Beide Strukturen können im Rahmen einer **antimykotischen Therapie** als Ziele fungieren.

5.2.2 Systematik

Pilze werden aufgrund ihrer Morphologie u. a. in Faden- und Sprosspilze unterteilt:

- **Fadenpilze:** Vielzellige Pilze, die aus mehreren Zellfäden bestehen, heißen Fadenpilze. Die Zellfäden werden dabei als **Hyphen** und das ganze Gebilde als **Mycel** bezeichnet. Sind die Hyphen durch Zellwände getrennt (die allerdings über große Poren verfügen), spricht man von **septierten Hyphen.** Fehlen die Septen und das Zytoplasma erstreckt sich ununterbrochen über das gesamte Mycel, ist von **coenozytischen Hyphen** die Rede (➤ Abb. 5.7). Viele Fadenpilze bilden zur Vermehrung Sporen, von denen manche über einen **haploiden** und andere über einen **diploiden Chromosomensatz** verfügen. Die Vermehrung erfolgt also entweder **geschlechtlich** oder **ungeschlechtlich.** Als wichtiges Beispiel für Fadenpilze solltet ihr euch die **Aspergillen** (Singular: Aspergillus), eine Gattung der **Schimmelpilze,** einprägen.
- **Sprosspilze:** Bei den Sprosspilzen handelt es sich um Einzeller. Diese vermehren sich durch Sprossung. Dabei stülpt sich die Tochterzelle aus der Ursprungszelle aus und schnürt sich ab. Schnürt

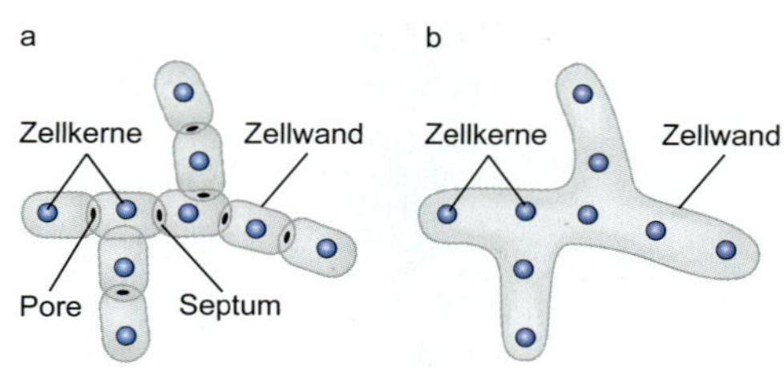

Abb. 5.7 a) Septierte Hyphen b) coenozytische Hyphen [L231]

sich die Zelle nicht vollständig ab, bleibt eine Verbindung bestehen. Das entstehende Gebilde sieht den Fadenpilzen ähnlich, weshalb man es als **Pseudomycel** bezeichnet. Zu den Sprosspilzen gehören unter anderem die **Hefen,** von denen ihr euch ***Candida albicans*** als humanpathogenen Vertreter merken solltet.

5.2.3 Toxine

Wir haben gelernt, dass Pilze lebensgefährliche Infektionen auslösen können, und jetzt kommen auch noch einige Toxine dazu. Damit ihr die Pilze nicht als das personifizierte Böse in Erinnerung behaltet, denkt daran, dass das Penicillin, das ebenfalls von Pilzen stammt, schon sehr viele Leben gerettet hat.

5.2.4 Antimykotika

Wir haben nun genug Gründe kennengelernt, warum es gut wäre, sich gegen Pilze wehren zu können. Wir wollen uns die Mittel der Wahl anschauen:

- **Azol-Antimykotika** hemmen die Ergosterin- und damit auch die Zellmembransynthese. Sie sind z. B. in Präparaten gegen Haut- und Schleimhautmykosen enthalten.
- **Griseofulvin** hemmt über einen noch nicht vollständig aufgeklärten Mechanismus die Funktion der Mikrotubuli (damit auch die Mitose) sowie die Chitinbildung. Es inhibiert folglich die Zellwandsynthese und hilft auf diese Weise ebenfalls bei Hautmykosen.
- **Amphotericin B** kommt vor allem bei schweren Mykosen zum Einsatz. Es bildet mit dem Ergosterin der Zellmembran Komplexe und stört so deren Funktion. Da das Ergosterin der Pilze allerdings **mit dem humanen Cholesterin verwandt** ist, kommt es häufig zu massiven Nebenwirkungen.

Tab. 5.2 Pilztoxine

Toxin	Erläuterung
α-Amanitin	Das Gift des Knollenblätterpilzes hemmt vor allem die **RNA-Polymerase II,** in höheren Konzentrationen auch **III**.
Aflatoxine	Aflatoxine werden von Schimmelpilzen wie Aspergillus flavus gebildet. Sie wirken akut **hepatotoxisch** und werden zudem im Körper in **karzinogene Metaboliten** umgewandelt.
Ergotamin	Ergotamin wird vom **Mutterkorn** (Claviceps purpurea) gebildet, einem Pilz, der vor allem Getreide befällt. Seine Derivate sind hauptsächlich als Medikamente bei bestimmten Kopfschmerzen relevant.
Muskarin	Das **Gift des Fliegenpilzes** wird euch in der Physiologie als **Parasympathomimetikum** noch detailliert beschäftigen.

5.3 Viren

Viren sind im Gegensatz zu den Bakterien keine Lebewesen, sondern **infektiöse Partikel.** Wenn man es ganz genau nimmt, bezeichnet man die Form des Virus, die außerhalb von Zellen umherschwirrt, um einen neuen Wirt zu infizieren, als **Virion.** Da die Viren keine Lebewesen sind und entsprechend über **keinen eigenen Stoffwechsel** verfügen, sind sie zur Vermehrung auf andere Organismen angewiesen. In der Regel schaden sie diesen und man könnte sie daher als Parasiten bezeichnen, was aber umstritten ist, da Parasiten in der Regel als Lebewesen definiert sind. Wenn ihr den Begriff „parasitär" im Sinne von „den Parasiten ähnlich" verwendet, solltet ihr auf der sicheren Seite sein!

Da Viren in normalerweise nur wenige hundert Nanometer groß sind, könnt ihr sie mit dem Lichtmikroskop (im Gegensatz zu den Bakterien) nicht erkennen. Es gibt allerdings Ausnahmen, wie die Megaviren oder die erst vor wenigen Jahren entdeckten **Pandoraviren,** die, was ihre Größe angeht, schon an kleine Bakterien heranreichen.

5.3.1 Aufbau

Im Inneren eines Virus findet sich dessen Erbinformation. Dabei handelt es sich entweder um **RNA**

ODER DNA. Da das Genom geschützt werden muss, ist es von einer **Proteinhülle,** dem **Capsid,** umgeben. Erbinformation und Capsid werden auch als Nucleocapsid zusammengefasst. Einige Viren haben zusätzlich zum Capsid noch eine **Lipidhülle.** Als Beispiel ist in (➤ Abb. 5.8) der Aufbau eines HI-Virus dargestellt.

5.3.2 Vermehrung

Ganz allgemein: Das Virus will von der Wirtszelle vermehrt werden. Dafür muss es zunächst sein Genom in der Wirtszelle freisetzen. Nachdem Viruskopien erstellt wurden, muss die DNA wieder in Capside verpackt werde, die dann die Zelle verlassen. Selbstverständlich gibt es von Virus zu Virus Unterschiede, was die Vermehrung angeht, trotzdem kann man einen grundsätzlichen Zyklus beschreiben (➤ Abb. 5.9):

1. **Adsorption/Attachment:** Damit ein Virus in eine Zelle gelangen kann, muss es erstmal an diese Zelle binden. Da Viren normalerweise Präferenzen hinsichtlich des Zelltyps, den sie befallen, haben, ist diese Bindung meist sehr spezifisch. Diese Spezifität wird erreicht, indem die Capsidproteine des Virus nur mit bestimmten Oberflächenproteinen bzw. Rezeptoren der Wirtszelle interagieren können.
2. **Penetration:** Nun muss das Virus in die Zelle. Bei den meisten humanpathogenen Viren geschieht dies entweder durch Endozytose des Virus oder Fusion der Membranen. Bakteriophagen müssen, um in ihre Wirtszellen zu gelangen, auch die bakterielle Zellwand überwinden. Um das zu schaffen, können einige Bakteriophagen ihr Genom in die Wirtszellen injizieren, ohne dass das sperrige Capsid die Zellwand überwinden muss.
3. **Uncoating:** Wenn es noch nicht geschehen ist, muss das Capsid spätestens jetzt weg. Im einfachsten Fall dissoziiert es einfach ab, ansonsten muss es von viralen Enzymen oder denen der Wirtszelle abgebaut werden.
4. **Replication:** Der Begriff Replikation ist in Bezug auf Viren nicht nur im Sinne der Verdopplung der Erbinformation zu verstehen. Die Wirtszelle produziert nämlich auch die Proteine, die das Virus benötigt. Die dafür benötigten Gene sind natürlich im Genom des Virus enthalten.
5. **Assembly/Maturation:** Bei den meisten Viren setzen sich die neu synthetisierten Bestandteile noch in der Wirtszelle zusammen. Eine Ausnahme davon ist HIV (Human Immunodeficiency Virus), bei dem dieser Prozess erst nach der Virusfreisetzung stattfindet.
6. **Release/Freisetzung:** Auch bei der Virusfreisetzung gibt es mehrere Möglichkeiten. Eine Möglichkeit besteht darin, dass die Wirtszelle **lysiert** wird und die Viruspartikel auf diese Weise frei werden. Gerade die behüllten Viren (also diejenigen mit einer Lipidhülle) setzten dagegen häufig auf Knospung. Beim Durchtritt durch die Membran der Wirtszelle nehmen sie häufig ein Stück mit, das dann, gegebenenfalls in modifizierter Form, die Lipidhülle des Virus bildet.

Manche Viren (vor allem Bakteriophagen) weichen von diesem klassischen Zyklus etwas ab: Sie integrieren ihr Genom in das der Wirtszelle und machen danach erstmal nichts. Da sich die Wirtszelle aber weiter teilt, entstehen viele neue Zellen, die alle die Virus-DNA enthalten. Man bezeichnet diesen Prozess auch als **lysogenen Zyklus.** Das Gegenteil wäre der bereits beschriebene **lytische Zyklus.** Die Viren, die zu einem lysogenen Zyklus fähig sind, heißen **temperente** Viren. Unter bestimmten Umständen können die Viren aus dem lysogenen wieder in den lytischen Zyklus übergehen, was mit einer massiven Zelllyse einhergeht (➤ Abb. 5.10).

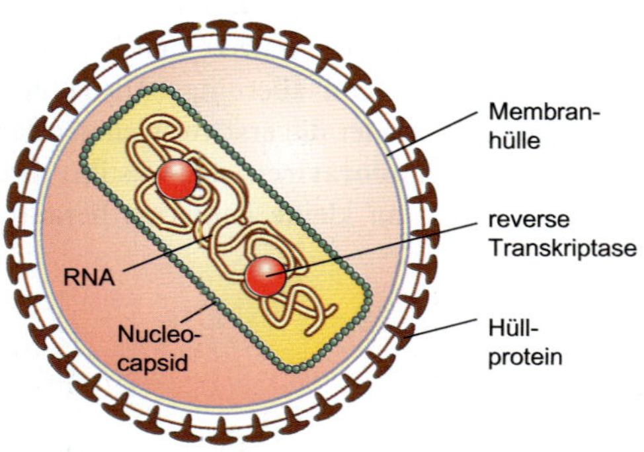

Abb. 5.8 Das HI-Virus und seine Struktur [L253]

Übrigens: Die virale DNA, die im Rahmen des lysogenen Zyklus für längere Zeit in die Wirtszelle eingebaut ist, wird auch als **Provirus** (bzw. **Prophage** bei Bakteriophagen) bezeichnet.

Die Virusvermehrung ist der Ansatzpunkt zahlreicher **Virostatika,** die aber für das Physikum weit weniger wichtig sind als die Antibiotika.

In ➤ Abb. 5.11 ist eine Auswahl verschiedener Viren gezeigt.

Phase	Vorgang	Schema
Adsorption	Das Virus bindet an Rezeptoren auf der Zelloberfläche (hohe Wirtsspezifität).	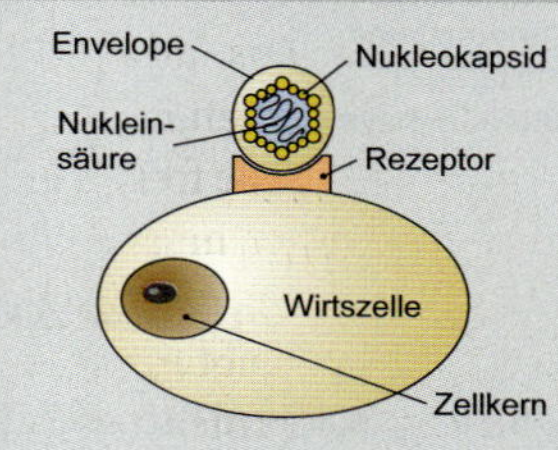
Penetration	Das Virus wird durch Phago- oder Pinozytose (s. S. 17) eingeschleust, oder seine Hülle verschmilzt mit der Zellmembran.	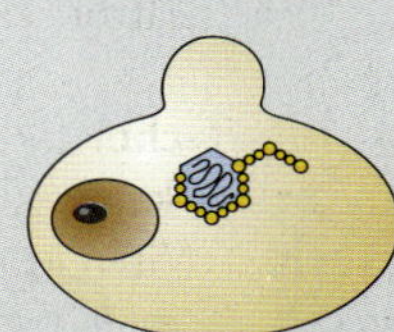
Uncoating	Das Kapsid und ggf. die Hülle werden abgebaut, und das Genom wird freigesetzt.	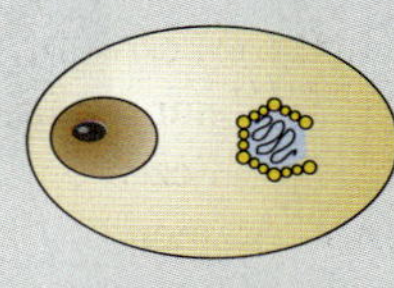
Replikation	Die Proteinbiosynthese der Wirtszelle wird umprogrammiert und dient zur Produktion viraler Proteine und Nukleinsäuren.	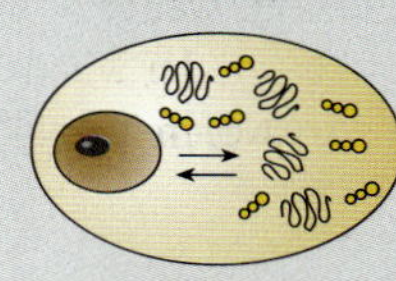
Maturation und Self-assembly	Die einzelnen Virenbausteine setzen sich zusammen.	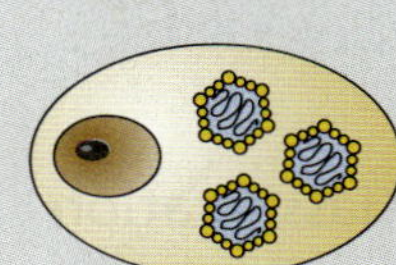
Liberation	Die Freisetzung der Viren geschieht durch Lyse (Zelle zerfällt) oder durch Abschnürung, wobei die Zellmembran zur neuen Hülle des Virus wird. In die Hülle werden virale Proteine (Spikes) integriert.	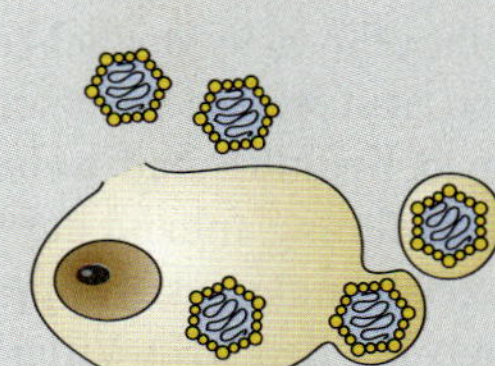

Abb. 5.9 Zyklus der Virusvermehrung [G157]

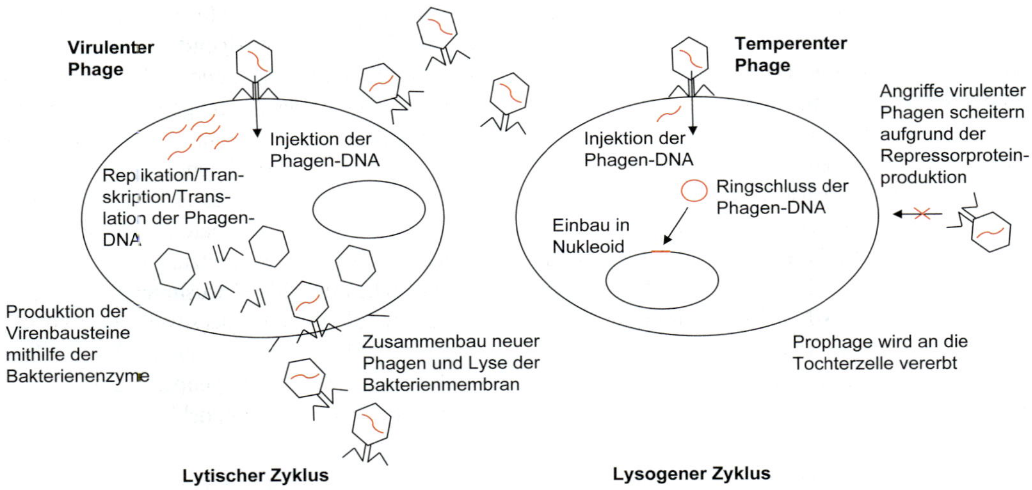

Abb. 5.10 Lytischer und lysogener Zyklus [P118]

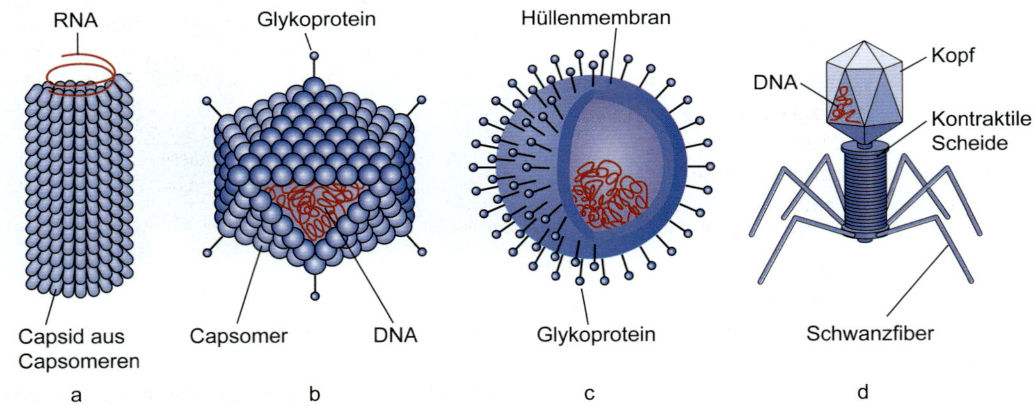

Abb. 5.11 Verschiedene Viren:
a) Tabakmosaikvirus
b) Adenovirus
c) Influenzavirus
d) Bakteriophage [L231]

5.3.3 Klassifikation

Es gibt sehr viele Möglichkeiten, Viren zu klassifizieren. Am weitesten verbreitet sind die Unterteilung in **behüllte** und **unbehüllte** Viren oder die Klassifizierung anhand der viralen Erbinformation **(einzelsträngig** vs. **doppelsträngig, RNA** vs. **DNA).** Bei den RNA-Viren kann es eine wissenswerte Besonderheit im Vermehrungszyklus geben: Manche RNA-Viren enthalten RNA, die direkt als **mRNA** fungieren kann. Das heißt mit der Translation kann direkt begonnen werden, sobald die virale RNA in der Zelle freigesetzt worden ist. Andere Viren tragen RNA in sich, die komplementär zur mRNA ist. Das heißt das Virus benötigt zunächst eine **RNA-abhängige RNA-Polymerase** (die es in der Regel selbst mitbringt), um die mRNA zu synthetisieren, sodass die Translation beginnen kann.

Als prominentes Beispiel könnt ihr euch das **Polio-Virus** merken.

Außerdem gibt es Viren, deren Erbinformation zwar aus RNA besteht, die aber, sobald die Viren in der Wirtszelle angelangt sind, in DNA umgeschrieben wird. Diese wird ins Genom der Wirtszelle integriert und die wiederum synthetisiert dann die mRNAs. Man bezeichnet solche Viren als **Retroviren** und einer der bekanntesten Vertreter dieser Familie ist das **HI-Virus.**

Die Enzyme, die aus der RNA die DNA herstellen sind **RNA-abhängige DNA-Polymerasen** und werden auch als **Reverse Transkriptasen** bezeichnet. Eine nichtvirale Reverse Transkriptase kennt ihr bereits: Die **Telomerase!**

Man kann sich denken, dass es für die Wirtszelle zum Problem werden kann, wenn plötzlich ein Virus seine DNA in ihr Genom integriert. Dabei können Gene zerstört oder ihre Aktivität verändert werden. Im besten Fall stirbt die Zelle, im schlimmsten Fall entsteht ein Tumor, der zur Gefahr für den gesamten Organismus wird.

Reverse Transkriptasen werden auch im Labor genutzt, um aus der fragilen RNA vergleichsweise stabile **cDNA (copy DNA)** herzustellen. Außerdem hat die Erstellung von cDNA mithilfe der mRNA eines bestimmten Gens einen weiteren Vorteil gegenüber der genomischen DNA: Sie besitzt **keine Introns,** da die mRNA bereits gespleißt wurde.

Erfreulicherweise muss man sehr wenig zu einzelnen Viren wissen. Lediglich zu den **Influenza-** bzw. **Grippeviren** solltet ihr ein paar Fakten kennen.

- Influenzaviren besitzen ein Genom aus **einzelsträngiger (ss), segmentierter RNA.**
- Sie besitzen unter anderem zwei Membranproteine namens **Hämagglutinin (H)** und **Neuraminidase (N),** die für die Einteilung in Subtypen wichtig sind. Beispielsweise gehörte die **„Vogelgrippe“**, über die 2005 intensiv berichtet wurde, zum Subtyp **H5N1.**
- Im Zusammenhang mit Influenzaviren solltet ihr die Begriffen **Antigendrift** und **Antigenshift** kennen:
  - Ihr habt euch vielleicht schon einmal gefragt, warum es nötig ist, den Impfstoff gegen die saisonale Grippe jedes Jahr anzupassen. Diese Anpassung wird notwendig, da sich die Antigenstruktur des Virus aufgrund von Punktmutationen in seiner Erbinformation ständig geringfügig ändert **(Antigendrift).**
  - Manchmal treten aber auch völlig „neue“ Grippeviren auf, gegen die ein gänzlich neuer Impfstoff entwickelt werden muss. Das kann passieren, wenn zwei Viruslinien ihr genetisches Material austauschen und es so zu einer neuen Kombination von Genmaterial **(Reassortment)** kommt. Voraussetzung dafür ist, dass eine Zelle mit beiden Viruslinien infiziert ist. Als Wirte kommen dabei sowohl Mensch als auch Tier infrage. Diese wesentlich gravierendere Änderung im Antigenprofil des Virus bezeichnet man als **Antigenshift.**

FÜR DIE KLAUSUR

Falls ihr mal gefragt werdet, was Hämagglutinin und Neuraminidase eigentlich machen:

- Das Hämagglutinin ist ein Glykoprotein, das bestimmte Zucker auf Zellmembranen bindet und dadurch für die Adsorption und Penetration des Virus wichtig ist. Sein Name beruht auf seiner Fähigkeit, Erythrozyten zu verklumpen.
- Die Neuraminidase spaltet Teile der Zucker ab, an die das Hämagglutinin bindet. Auf diese Weise können die neu gebildeten Viren sich von der Wirtszelle lösen und andere Zellen infizieren.

5.3.4 Übertragung

Wie sich Viren im Körper vermehren, wissen wir bereits. Nun müssen wir noch einen Blick darauf werfen, wie sie von Mensch zu Mensch gelangen. Bei der Einteilung der Übertragungswege kann man sich sehr in den Details und Kriterien verlieren. Deswegen gibt es an dieser Stelle nur ein grundlegendes Schema:

- **Tröpfcheninfektion:** Bei der Tröpfcheninfektion verbreitet sich das Virus quasi über die Luft, genauer gesagt über kleine virushaltige Tröpfchen, die beim Sprechen, Niesen oder Husten entstehen. Kleinste Partikel können als Aerosol auch größere Distanzen überwinden, da sie kaum absinken. Klassisches Beispiel: Das Influenzavirus
- **Kontakt- bzw. Schmierinfektion:** Wie der Name schon sagt, muss es bei diesem Übertragungsweg zu einer Form von Kontakt kommen, damit sich eine Person infiziert. Wird der Infizierte selbst berührt

spricht man von einer **direkten Kontaktinfektion.** Infiziert man sich dagegen beim Kontakt mit einem kontaminierten Gegenstand, handelt es sich um eine **indirekte Kontaktinfektion.** Beispiel: Das Hepatitis-A-Virus (aber auch einige Bakterienarten)

- **Austausch von Körperflüssigkeiten:** Manche Viren sind nur in bestimmten Körperflüssigkeiten in ausreichend hohen Konzentrationen vorhanden, um eine Infektion zu verursachen oder können an der Luft nicht lange überleben. Damit sie übertragen werden, muss es zur direkten Aufnahme von Körperflüssigkeiten wie Blut, Speichel, Ejakulat etc. kommen. Beispiel: HIV

FÜR AHNUNGSLOSE

Wenn man direkt mit einer Person bzw. ihren Körperflüssigkeiten (z. B. Schweiß) in Kontakt kommt und sich infiziert, handelt es sich dann um eine Schmierinfektion oder eine Infektion über Körperflüssigkeiten? Die Grenze zwischen be den Übertragungswegen ist in der Tat fließend. Wichtig ist aber vor allem, dass ihr wisst, welche Viren mittels Tröpfcheninfektion übertragen werden können.

Beim Thema Infektionskrankheiten gibt es noch ein paar andere Begriffe, die wir klären sollten – sie beziehen sich allerdings nicht nur auf Viren, sondern sind z. B. auch auf Bakterien anwendbar:

- **Epidemie:** Tritt eine Infektionskrankheit innerhalb einer Population örtlich und zeitlich gehäuft auf, spricht man von einer Epidemie. Ein Beispiel ist ein Choleraausbruch nach einem Erdbeben. Dieser beschränkt sich auf das Gebiet, in dem die hygienischen Bedingungen aufgrund der Folgen des Bebens schlecht sind.
- **Pandemie:** Breitet sich eine Infektionskrankheit über Landesgrenzen oder gar Kontinente hinweg aus, spricht man von einer Pandemie.
- **Endemie:** Ist eine Infektionskrankheit auf ein Gebiet beschränkt, tritt dort aber dauerhaft und nicht zeitlich begrenzt auf, spricht man von einer Endemie.

5.3.5 Viroide

Diese Krankheitserreger werden euch in der Klinik wahrscheinlich weniger beschäftigen … denn sie befallen nur **Pflanzen.** Ihr Genom besteht aus **zirkulärer RNA,** die von **keinerlei Hüllen** (weder Capsid noch Lipidhülle) umgeben ist. Warum werden sie überhaupt erwähnt? Gelegentlich tauchen sie in Prüfungsfragen auf – meistens als Falschantwort.

Nachdem ihr jetzt einiges über Viren gelernt habt, entdeckt ihr vielleicht **Parallelen zu den Transposons.** Auch sie bauen sich in die DNA der Zellen ein und sind dabei nicht immer hilfreich. Es gibt deshalb Spekulationen über eine Verwandtschaft von Transposons und Viren.

5.4 Prionen

Der Begriff **Prion** leitet sich von **„Protein“** und **„Infection“** ab. Auch wenn viele Mechanismen der durch Prionen verursachten Erkrankungen noch unklar sind, weiß man mittlerweile, dass es sich bei Prionen um **fehlgefaltete Proteine** handelt. In der Regel werden fehlgefaltete Proteine von der Zelle erkannt und abgebaut. Prionen schaffen es allerdings nicht nur, sich dem Abbau zu entziehen, sondern auch die Fehlfaltung anderer Proteine zu induzieren (➤ Abb. 5.12). Auf diese Weise lagern sich in den infizierten Zellen große Mengen des stabilen Prions ab, die dann irgendwann die Funktion der Zellen stören. In der Regel manifestieren sich diese Störungen vor allem im Nervensystem und führen zum Tod. Einige Beispiele für Prionen-Erkrankungen solltet ihr kennen:

- **Creutzfeldt-Jakob-Krankheit:** Von Creutzfeldt-Jakob existieren sowohl familiäre als auch erworbene Formen. Am prominentesten ist die new variant Creutzfeldt-Jakob-Disease (nvCJD), bei der man davon ausgeht, dass sie durch den Verzehr von **BSE** (**Bovine Spongiforme Enzephalopathie**) verseuchtem Rindfleisch verursacht wird. Zudem kommen für CJD iatrogene Übertragungswege wie Hirnhauttransplantationen infrage.
- **Kuru:** Bei Kuru handelt es sich um eine Prionen-Erkrankung, die vor allem bei einem Volk in Papua-Neuguinea auftrat. Als Übertragungsweg wurde der rituelle Kannibalismus, den dieses Volk praktizierte, ausgemacht, denn nach dessen Verbot

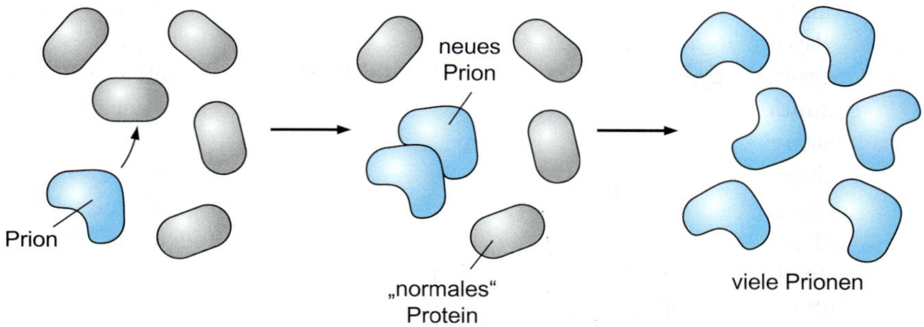

Abb. 5.12 Die Vermehrung der Prionen [L253]

ging die Zahl der Neuerkrankungen stetig zurück. Kuru bedeutet im Übrigen „Muskelzittern".

- **Scrapie:** Die Prionen-Erkrankung Scrapie kommt bei Schafen vor, ist aber prinzipiell auch für den Menschen gefährlich.

Wie Prionen-Erkrankungen übertragen werden, wird nach wie vor diskutiert. Im Labor konnte bereits nachgewiesen werden, dass Prionen auch als Aerosol übertragen werden können.

! ACHTUNG!

Die Prionen-Erkrankung beim Schaf heißt Scrapie, die Hautkrankheit **Krätze** wird dagegen auch **Scabies** genannt.

FÜR DIE KLAUSUR

Bei den Prionen handelt es sich um infektiöse Proteine. Antworten, die euch glaubhaft machen wollen, dass Prionen versuchen, ihre **DNA oder RNA** zu vermehren, sind folglich falsch!

5.5 Übungen

1. Welche Aussage trifft zu?
a) Das Toxin von *Clostridium perfringens* spaltet Proteine des SNARE-Komplexes und verursacht Krämpfe.
b) Die Erbinformation von Prionen liegt unbehüllt vor.
c) Die Ziehl-Neelsen-Färbung eignet sich zum Anfärben säurefester Stäbchen.
d) Amphotericin B hat aufgrund der Ähnlichkeit des Chitins zum Cholesterin massive Nebenwirkungen.

2. Vervollständige:

Tab. zu Frage 2

Bakterium	Morphologie	Erkrankung (Beispiel)
Neisseria meningitidis		
		Milzbrand
	gramnegative Spirochäten	
E. coli		
		Magengeschwüre

3. Fülle die Lücken aus:
- ________ kann durch den Konsum von mit ________ verseuchtem Rindfleisch verursacht werden.
- Der bekannteste Vertreter der Fadenpilze ist ________________________________.
- Im Labor sind vor allem die Restriktionsendonucleasen von Bedeutung, die beim Schneiden ______ Ends erzeugen.
- Die ____________________ ist eine Form der Parasexualität, bei der Viren die genetische Information übertragen.

4. Welche Aussage trifft nicht zu?
a) Die Lipoteichonsäure ist ein Beispiel für ein bakterielles Exotoxin.
b) Penicillin hemmt die bakterielle Transpeptidase.
c) Die Zellwand der grampositiven Bakterien enthält mehr Mureinschichten als die der gramnegativen.
d) Bekapselte Bakterien sind gut vor Phagozytose durch Zellen des Immunsystems geschützt.

5

KAPITEL

6 Ökologie – Randthema für einfache Punkte

Fast geschafft! Die Ökologie wird normalerweise kaum gefragt, sodass die wichtigsten Fakten ausreichen, um mit einem guten Gefühl in die Prüfung gehen zu können. Ihr solltet dabei vor allem in der Lage sein, die wichtigsten Fachbegriffe zu definieren.

6.1 Formen des Zusammenlebens

Es gibt grundsätzlich drei Möglichkeiten, wie Organismen nebeneinander existieren können.

6.1.1 Symbiose

Die **Symbiose** ist die Idealform des Zusammenlebens, denn sie ist dadurch gekennzeichnet, dass beide Partner vom Zusammenleben profitieren. Symbiose ist weit verbreitet (denkt an Bienen und Blumen). Ein beliebtes klinisches Beispiel sind die **Darmbakterien,** die uns den Umgang mit zellulosereicher Nahrung erleichtern und im Gegenzug ein warmes Dach über dem Kopf erhalten. Unterscheiden sich die an der Symbiose beteiligten Organismen stark in ihrer Größe, bezeichnet man den größeren als **Wirt** und den kleineren als **Symbiont.**

6.1.2 Kommensalismus

Beim **Kommensalismus** ist der gegenseitige Nutzen nicht gegeben, allerdings wird auch keinem der beteiligten Organismen geschadet. Die Beziehung zwischen dem Menschen und den **Mikroorganismen der Haut (Hautflora)** wird gerne als Beispiel genannt. Gelangen diese Mikroorganismen aber etwa im Rahmen einer Operation tiefer in den Körper des Menschen, kann die Sache schnell anders aussehen.

6.1.3 Parasitismus

Vom **Parasitismus** spricht man, wenn beim Zusammenleben zweier Organismen der eine profitiert und den anderen dabei schädigt. Der profitierende (und in der Regel wesentlich kleinere) Partner wird **Parasit** genannt, der geschädigte heißt **Wirt.** Zwar denkt man beim Wort Parasiten in der Regel erst an Flöhe oder Bandwürmer, aber man sollte nicht vergessen, dass auch **Viren,** die unsere Zellen zur Vermehrung nutzen, von uns profitieren (auch wenn sie keine Lebewesen sind). Aufgrund der starken Abhängigkeit des Parasiten vom Wirt ist es nicht sein Ziel, den Wirt zu töten. Ein Virus, das häufig tödliche Infektionen verursacht, ist also noch nicht gut genug an den Menschen angepasst.

Auch die Parasiten lassen sich weiter unterteilen je nachdem ob sie sich auf der Körperoberfläche ihres Wirts (Ektoparasiten, z. B. Läuse) oder in dessen Innerem (Endoparasiten, z. B. Fuchsbandwurm) niederlassen.

Übrigens: Wann immer zwei Organismen über lange Zeiträume viel miteinander zu tun haben (Wirt und Symbiont, Wirt und Parasit etc.), zwingen evolutionäre Veränderungen des einen Partners den anderen gewissermaßen zum „Nachziehen". Diese wechselseitigen Anpassungen bezeichnet man als **Koevolution.**

6.2 Nahrungsbeziehungen

Als letztes müssen wir noch ein paar Begriffe klären, die mit dem großen Thema Nahrungskette assoziiert sind. Zunächst solltet ihr ein paar Begriffen kennen:

- **Abiotische Umwelt:** Als abiotische Umweltfaktoren bezeichnet man die Umweltbedingungen, die nicht durch Lebewesen bestimmt sind (Sonnenlicht, chemische Verbindungen etc.).
- **Autotrophe Organismen:** Diese Organismen finden in den abiotischen Umweltfaktoren alles, was sie zum Leben brauchen. Grüne Pflanzen können z. B. aus anorganischen Verbindungen (CO_2 und Wasser) mithilfe von Sonnenlicht Glucose herstellen.
- **Heterotrophe Organismen:** Diese Organismen nutzen organische Verbindungen, um zu überleben. Sie sind also gewissermaßen auf autotrophe Organismen angewiesen, regenerieren dabei aber die anorganischen Verbindungen, die diese zum Überleben benötigen.

In der Nahrungskette dienen die autotrophen Organismen (z. B. Pflanzen) als Produzenten. Die Produzenten werden von den Pflanzenfressern **(Herbivoren)** gegessen, die in der Nahrungskette als **Primärkonsumenten** fungieren. Natürlich können auch die Pflanzenfresser gefressen werden und zwar von den Fleischfressern **(Karnivoren)**, die wiederum als **Sekundärkonsumenten** bezeichnet werden (➤ Abb. 6.1).

Und wer räumt auf? Das ist Aufgabe der **Destruenten** (Bakterien, Pilze), die natürlich auch heterotroph sind und organisches Material wieder abbauen, sodass

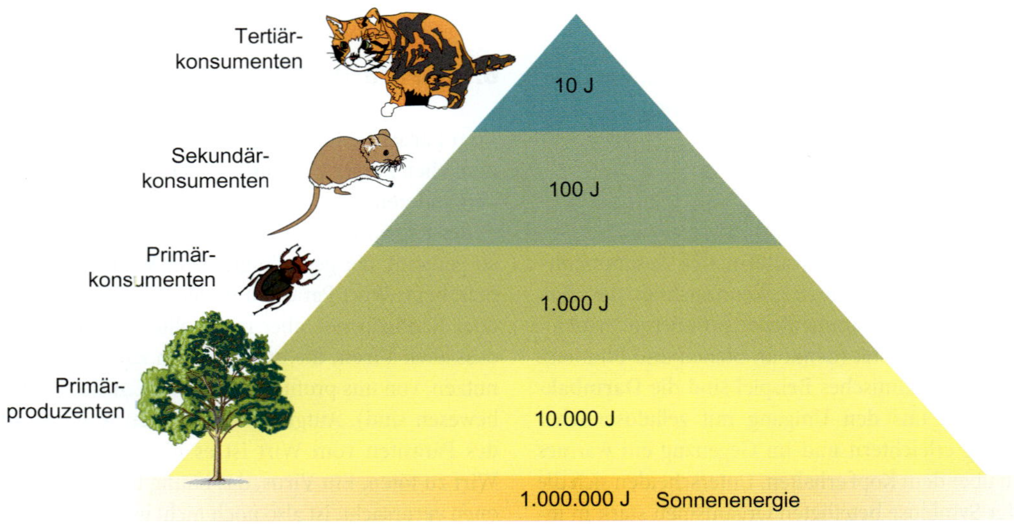

Abb. 6.1 Nahrungskette [L253]

es den autotrophen Organismen erneut zur Verfügung steht – der Stoffkreislauf ist geschlossen!

FÜR DIE KLAUSUR

Man hört oftmals, dass sich bestimmte toxische Stoffe (wie etwa Quecksilber) in der Nahrungskette „anreichern". Damit ist gemeint, dass diese Stoffe schlecht ausgeschieden werden und so den Organismus, der sie aufnimmt, nicht mehr verlassen. Verspeist nun ein Konsument mehrere dieser Organismen, nimmt er eine sehr große Menge dieser Stoffe auf. Werden diese Konsumenten wiederrum gefressen, nimmt der Räuber noch mehr von dem Stoff auf und so geht es immer weiter.

6.3 Übungen

1. Welche Aussage trifft nicht zu?

a) Der Mensch und seine Hautflora sind ein Beispiel für Kommensalismus.

b) Autotrophen Organismen reichen die Faktoren der abiotischen Umwelt zum Leben.

c) Ist ein Partner in einer Symbiose wesentlich kleiner, bezeichnet man ihn als Symbiont.

d) Herbivoren essen Karnivoren.

KAPITEL

7 Lösungen

7.1 Grundausstattung der Zelle

1. c

2.

Tab. zu Frage 2 Endozytosemechanismen

Mechanismus	Funktion
Phagozytose	Große Partikel, Zellen
Caveolae	u. a. Signaltransduktion
Pinozytose	Aufnahme gelöster Stoffe
Clathrin-vermittelte Endozytose	Aufnahme von Liganden

3.

- Flippase
- Diffusion
- Amphiphil
- Ubiquitin
- Retrograden
- Skelett- und Herzmuskulatur

4. a

5.
Golgi – O-Glykosylierung
Mitochondrium – β-Oxidation
Peroxisomen – Abbau langkettiger Fettsäuren
Raues ER – N-Glykosylierung
Glattes ER – Calciumspeicher

6. b

7. c

8. d

9. Vgl. ➤ Tab. 1.2 in Kapitel 1.6.1

7.2 Transkription und Translation

1.

- AUG, Methionin
- 5', 3'
- Colchicin

2. d

3.
- G bildet 3 H-Brücken mit C
- A bildet 2 H-Brücken mit T

4. d

7.3 Zellzyklus und Apoptose

1. M<G2<S<G1

2.
- 1, B
- RNA, DNA
- Metaplasie
- Xist

3. a

4. Chromosom 13

6. c

7.4 Genetik – Regeln der Vererbung

1.
- Kodominant
- Substitution
- Desaminierung, Cytosin
- Multifaktorielle Vererbung

2.
- X-chromosomal-rezessiv
- Autosomal-dominant
- Autosomal-rezessiv

3. b

7.5 Mikrobiologie

1. c

2. Die Lösung gibts in ➢ Tabelle 5.1

3.
- CJD, BSE
- *Aspergillus* (*flavus* oder *fumigatus*)
- Sticky
- Transduktion

4. a

7.6 Ökologie

1. d

Register